改訂版

かんたん犬ごはん

プチ病気・生活習慣病を撃退！
老犬元気！

女子栄養大学出版部

プチ病気が治った！
手作り食体験談

手作り食を始めてから、あきらめかけていた毛や毛並みの荒れ、涙やけ、肥満といったプチ病気が治ったワンちゃんたちと飼い主さんの喜びの声を集めました。手作り食に興味はあるけれど、始めるのはちょっと不安……。そんな飼い主さんに、ぜひ参考にしていただきたい5つのケースをご紹介します。

こんなに元気になりました　**1**　飼い主　木村さんの体験談

毛がふさふさになった｜りきちゃん（ロングコートチワワ　7歳　オス）

Before

After

手作り食を始めた理由

手作り食は、前に飼っていた犬のときからしていました。この子は元繁殖犬で、6歳でわが家に迎えました。ブリーダーさんのところではドッグフードでしたが、わが家では最初から手作り食を与えました。

手作り食を始めてからの体調は？

手作り食に変えて1週間ほどで、毎日、毛がごっそりと抜けて、一時はすっかすかになるほどでした。わが家に来たときから、耳の縁に沿ってかさぶたみたいなものがついていたのですが、2週間目ぐらいから耳の毛が抜けるのといっしょにかさぶたがとれ始め、その後はきれいでやわらかい毛が生えてきました。

手作り食にしてよかったことは？

食事の時間がすごく楽しみなようで、笑顔が増えました。また、毛がやわらかくしっかりとしてふっさふさになり、体臭も減りました。

手作り食をしようかどうか、迷っている飼い主さんへ

迷っているなら、ぜひともやってみてください！ペットも飼い主も楽しさが増えるかと思います。やらなければ今までと同じだけです。不安があれば、お近くのペット食育協会の入門講座を受講されるのもよいと思います。

先天性てんかんが治った｜バンちゃん（トイプードル 10歳 オス）

Before

After

手作り食を始めた理由

先天性のてんかんだったのですが、「このまま死んでしまうのでは……」と不安になるような激しい発作を1か月に2、3回起こすようになり、ドッグフードを食べなくなってしまいました。根本から体質を変えたいと思い、手作り食を始めました。

手作り食を始めてからの体調は？

以前、診療していただいていた獣医さんから「先天性のてんかんなので、発作を抑えるために一生薬を飲み続けなければならない」といわれていました。当時は、そういうものかと思っていましたが、手作り食を始めてから薬を飲まなくてもよいようになり、発作も出なくなりました。

手作り食にしてよかったことは？

毛づやがよくなり、涙やけもなくなりました。おしっこの色が以前は黄色かったのですが、ずいぶんうすい色になりました。ドッグフードを与えていたときは、食べないことがあったので「食の細い子」と思っていましたが、手作り食にしたところよく食べるので、飼い主の思い込みだったのだとわかりました。手作り食は原材料を自分の目で選べるのも安心ですね。

手作り食をしようかどうか、迷っている飼い主さんへ

愛情と気持ちをたくさん込められます。人よりもかけ足で過ぎていくワンちゃんの一生です。飼い主の知識でワンちゃんの食生活はずいぶん変わります。
手作り食は、ワンちゃんたちの幸せだけではなく、おいしそうに幸せそうに食べてくれる姿を見て、飼い主も幸せな気持ちになれる幸せのスパイラルです。

こんなに元気になりました 3　飼い主　石川さんの体験談

毛やけが治った｜あくちゃん（ウエスティ 13歳 メス）

Before

After

手作り食を始めた理由

アレルギー体質で、白犬のはずが手足やあごの毛が茶色い犬のようになっていました。
正直、毛が茶色いのは、しかたないかなとあきらめていました。いちばん困っていたのは、毎年、春先になると皮膚や毛が脂っぽくなって、耳や皮膚の炎症が起きることでした。
友人から須﨑先生の手作り食のことを聞き、やってみることにしました。

手作り食を始めてからの体調は？

6～7か月で、毛の変色がなくなりました。
皮膚のほうは、かゆがることが以前よりずっと少なくなりました。

手作り食にしてよかったことは？

自分が食べている食材だから、変な油とか、変な肉片などがないという安心感です。とにかく、油やけしたような毛が白くなったのと、アレルギーの症状が前よりよくなったのでよかったと思います。手作り食は、少なくとも安全なものを食べているという安心感があります。

歯垢はどうですか？

ときどき、調べてもらっていますが問題ないようです。

手作り食をしようかどうか、迷っている飼い主さんへ

迷うことはあまりないのでは、と思います。わが家のあくは既存のエサではだめだったので、新しい試みをやってみようと思いました。
栄養バランスについては、完全にできているのかは正直わかりません。術後に太らないようにと考えて、ダイエット食にしすぎたことがあったので、今は栄養バランスがとりやすいように須﨑先生オリジナルのドッグフードやサプリメントと、手作り食を半々にしています。

結石と涙やけが治った｜大地ちゃん（シーズー　オス）

Before

After

手作り食を始めた理由

大地がストラバイト結石になり、半年間獣医さんの指導の下、療法食を食べさせました。その結果、4.5kgだった体重が6.7kgにまで激太りしました。大好きだったお散歩でも歩かなくなり、ちょっとした段差で足を踏み外してしまったり……。結石はできなくても、不健康な状態になってしまいました。そんなとき、須﨑先生の手作り食のことを知りました。

手作り食を始めてからの体調は？

結石が出なくなりました。現在、体調はとてもよく、病院へ行くことがありません。体重は6.7kgだったのが、現在は5.8kgになり、減量に成功しました。顔全体が黒くなってしまうほどひどかった涙やけも改善されて、毛の色が白くなりましたし、目が以前よりもずっときれいになりました。

手作り食にしてよかったことは？

療法食のときは食べないこともあり、それでも体重は変わらなかったのですが、手作り食はいつでも完食でした。
大地も満足感があるようで、無理なくやせさせることができました。
なにより、心身ともに健康になったことです。

歯垢はどうですか？

手作り食は、ドライフードより付着しやすいのでかたいアキレスや歯磨き効果のあるおやつを与えています。

手作り食をしようかどうか、迷っている飼い主さんへ

わが家は6頭の多頭飼育で、年齢も犬種も違います。その子に合わせて量は変えていますが、皆同じものを食べています。
湿疹がひどかった子、食の細い子、毛づやの悪かった子がいましたが、それぞれがよい状態になり、それを維持しています。なんといっても犬用の薬箱がいらなくなってしまいました。食べられるものはなんでもあげる。
これがわが家のモットーです。あまり深刻に考えず、スーパーでその日の安売りのものをごはんにする感覚でよいと思います。

肥満が治った｜ガッちゃん（ダックスフント 5歳 メス）

Before

After

手作り食を始めた理由

ドッグフードメーカーのホームページに「安全なドッグフードを与えていれば、犬は自分で食べる量を調節することができます」とあったのを信じて、自由に食べさせていました。フードにして2か月、3.2kgだったガッちゃんは5.8kgになっていました。ブリーダーさんのところへ連れて行ったとき、「こりゃ、すごいっ！」と驚かれて初めて我に返りました。ヘルニアの心配が多い犬種なので、「このままではいけないっ！」と手作り食を応援しているフードメーカーのドッグフードに切り替えました。朝は手作り、夜はドライフードにしていたころ、須﨑先生の手作り食のことを知り、人間の食事で使う野菜を入れるようになりました。

手作り食を始めてからの体調は？

手作り食を始めて1年半ですが、5.8kgまで増えた体重は現在4.8kgに落ち着いています。

手作り食にしてよかったことは？

市販のフードをあげるより、安心できます。体重が減り、健康的な肉づきになりました。
愛情を込めて作ってあげられることの喜び！

歯垢はどうですか？

牛のヒヅメやおもちゃを与えて歯垢がとれればと思っています。歯垢はドライフードのころから少しあり、手作り食にしてからも変化はないようです。

手作り食をしようかどうか、迷っている飼い主さんへ

家族のごはんを作ることは、決してむずかしいことではありません。完璧な栄養バランスではなくても、人の食事と合わせて日々変化させていくので、極端にバランスがくずれることはないと考えています。「栄養学の知識が不十分なまま、犬の食事を手作りなんてとんでもない！」とよく聞きますが、自分の食事を知識が十分でないからといって、サプリメント類で済ませる人がいたら「そのほうがいいね」とはいえないな、と考えたとき、犬の食事も手作りしていいのかなと思いました。

はじめに

湿疹、涙やけ、目ヤニ、体臭、尿路結石は
体内の異常を教えてくれるサインです。
手作り食で、愛犬の体質改善、プチ病気の改善を

須﨑恭彦（獣医学博士・須﨑動物病院院長）

私は東京都八王子市で動物病院を開業していますが、開業してから20年、現在では札幌、仙台、大阪、福岡、大分、鹿児島で移動式診療所を開設し、全国のワンちゃん、ネコちゃんの健康維持・快復に日々あたっています。

当院では、「薬を飲んでいる間は症状が消えるけれど、薬をやめると再発する……」「体質、加齢、遺伝、犬種特有の病気・ストレスなどが理由だからしかたがない……」「一生薬でコントロールしましょう」「西洋医学的にはもう打つ手がありません」といわれた、単に症状を消すだけの対症療法では解決しきれない犬たちに、「現状の根本原因はどこに、なにが、どのくらいあって、なにを使ったら効果的なのか？」という原因療法的アプローチで、個々の体を一頭一頭ていねいに探り、現状を改善できないかと日々格闘しております。

そもそも症状とは、白血球が異物（細菌やウイルス、寄生虫等）に対して排除しようと攻撃した結果生じる炎症反応（赤くなる、熱をもつ、はれる、痛みが出る、機能不全）のことで、「体内の異常を教えてくれるサイン」です。不快を伴いますが、必要かつ正常な反応です。ですから、症状を消すことだけに専念し、根本原因をそのままにすることは本質的な解決とはいえないと考えます。

もちろん重症であれば獣医師が原因を探り、対処する必要があります。しかし、中には軽症な「大きな不調になる前のサイン」もあります。「飼い主さんがそれに気づき、重症になる前に対処していたら、こんなことにならずにすんだかもしれない……」と思うことが日々あります。しかし、「心ここにあらざれば、視れども見えず」の言葉通り、なにを意識したらいいのかをご存じなければ、気づかないことがほとんどです。

そのサインは皮膚の湿疹に始まり、目ヤニ、涙やけ、くり返す外耳炎、体臭、足先の毛の変色、尿臭、便臭などがあります。私はこれらの症状を「プチ病気」と命名し、病気になる前の予兆、サインと考えています。

開業当初は、病気は自然治癒力の低下によるものだと誤解していました。そのため、「自然治癒力を高める」ことに力を入れていました。しかし、原因療法を通じて診療をしてきた結果、「症状が

出るということは、自然治癒力は正常に反応している」「正常に発揮していても、排除しきれないほど原因が多いこともある」と考えるようになり、今では「自然治癒力は普通レベルでよい、ただ、自然治癒力が発揮できないほど増えてしまった原因を減らすことが重要」という結論にいたりました。

この本は自然治癒力を十分に発揮させる手作り食の考え方とレシピを紹介しています。プチ病気のある子は症状改善に、今元気な子は自然治癒力を邪魔させない体作りができます。

また「手作り食はむずかしい」「手作り食は制限が多い」という話を耳にすることがあります。この本ではレシピを多数紹介していますが、飼い主さんの食事と同じ材料、同じ調理法で作れるものになっています。手作り食をむずかしく考えず、「なにを食べても大丈夫」というおおらかな気持ちを出発点にして、例外的に問題があることを学んでほしいと考えています。

また最近、市販のドッグフードの危険性をうたう情報が増えてきましたが、私は飼い主さんの不安をいたずらにあおるようなことはしたくありません。

ドッグフードはフードと水だけで必要な栄養素が満たされるように設計されており、なんといっても便利です。ドッグフードがあるおかげで、たくさんの方が犬と暮らせていると思っています。しかし、診療しているとあきらかに市販のドッグフードが体に合わずに、体調をくずしている犬がいるのも事実です。そんな子にはフード以外の選択肢があると、飼い主さんも気持ちが楽になりますし、そんな方にこそ、安心し、自信を持って手作り食を試してみていただきたいと思うのです。

私は飼い主さんに、ドッグフードが正しいとか手作り食が正しいとかを議論するのではなく、「愛犬が元気でいられる食事はなんだろう」と考えていただきたいのです。私の基本姿勢は「愛犬が幸せで元気でいられるなら、なにを食べてもよいではないか」です。

あなたの愛犬の食事の選択肢の1つとして従来のドライフードや缶詰めのほかに、人間が食べている食材を使った手作り食をとり入れていただき、プチ病気など体調不良のワンちゃんの飼い主さん、愛犬の健康を願う飼い主さんのお役に立てればと願っています。

目次

Recipe 2

Recipe 3

プチ病気の原因は、体に溜まった老廃物です

- 過剰な目ヤニ、涙やけ
- 口元の毛やけ、足先の毛の変色
- 脱毛
- 口臭、体臭
- 外耳炎
- 皮膚の湿疹、乾燥肌
- 指の間をなめて赤くはれる
- 疲れやすい
- 下痢、嘔吐
- 肥満

愛犬に蔓延するプチ病気

最近、12ページのような症状を持つ犬がとても増えています。私は、これらの症状は本当の病気ではないと考えていますので、病気と区別するために「プチ病気」と呼んでいます。

プチ病気は病気ではありません 排泄不良です

プチ病気の原因は、排泄されなければならない老廃物が体内に溜まりすぎているため起こるケースがほとんどです。プチ病気は「手作り食」による食事治療で改善することが多いので、私は本当の病気とは考えていないのです。

老廃物の出口は、おしっこ

老廃物の排泄のメインルートはおしっこです。
老廃物を出しきれないと、目、耳、毛穴などの体中の穴から排泄が進行します。
うんちは栄養を吸収したあとの食べカスを排泄するルートで、体内に溜まった老廃物の排泄には直接的には関与していません。
うんちも大事なのですがプチ病気にはまず、おしっこを出すことが大事です。

おしっこが黄色くなったら要注意！

おしっこが黄色いのはトラブルが起こる予備軍だと考えてください。
症状が出る場所はその子によって異なりますが、弱った部分、排泄しやすい部分になります。
おしっこの色がうすくなってくるとプチ病気の症状も落ち着いてきます。

水分たっぷりの食事で改善

プチ病気を治すには食事中の摂取水分量を増やしておしっこがたくさん出るようにし、体内の老廃物がスムーズに排泄できるようにすることが大事です。
プチ病気は症状は様々でも、基本的な原因は同じですから治療のための食事も手作り食が基本です。手作り食による治療を始めて、たいてい3～6か月で症状が解消できることが多いです。

薬は、根本的な治療にはなりません

薬を使うことは、体調不良の不快感が減って肉体的、精神的ストレスが軽減されるので悪いことではありません。しかし、症状が落ち着くだけで、根本的に治るわけではありません。排泄しようとしている老廃物を薬で抑えているだけなので、薬を減らしたり、やめたりすると同じ症状が出てくることが多いのです。

手作り食の基本は“具だくさんのおじや”です

食感が好みでないならチャーハンや炊き込みごはん、混ぜごはんでもOK！

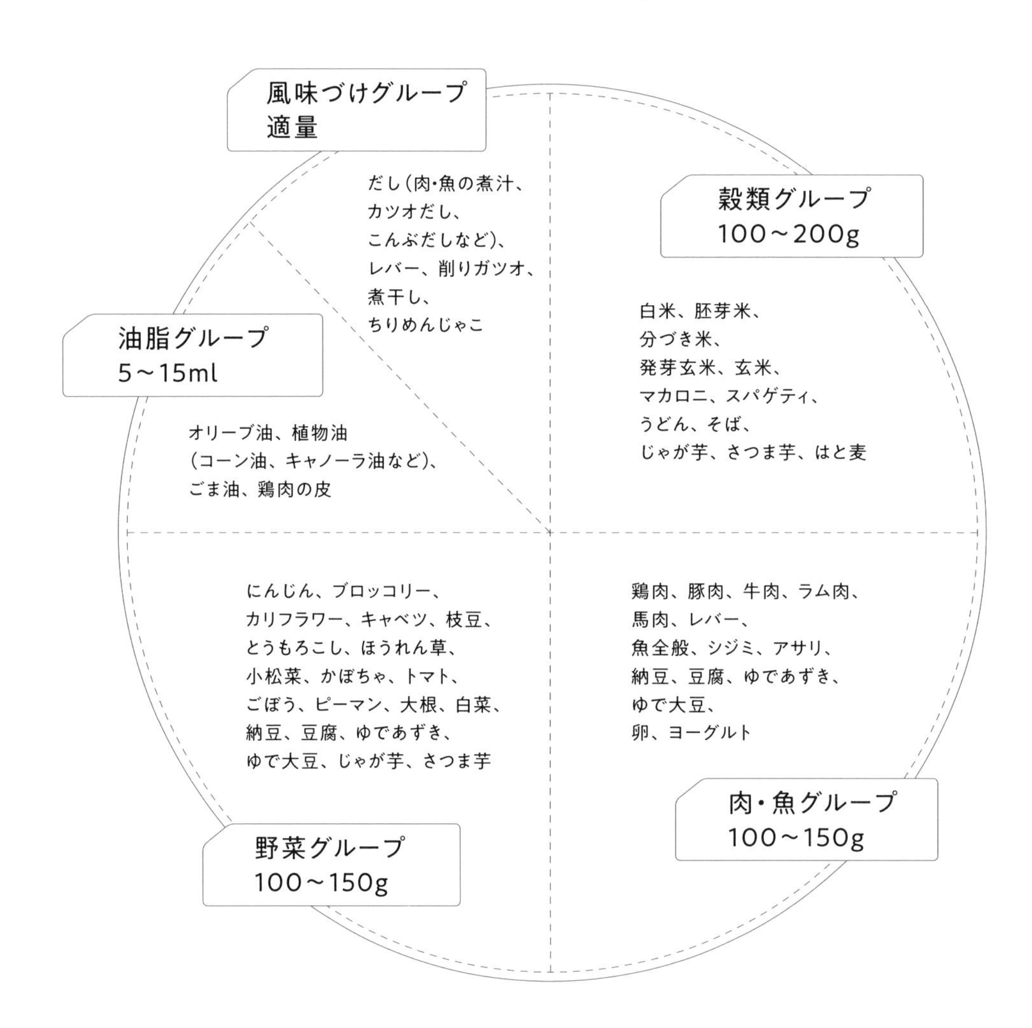

［須﨑恭彦考案　手作り食のための食材早見表］

食品重量は体重10kgの成長維持期の犬（成犬）1日分の目安量

◉ じゃが芋、さつま芋は穀類グループとしても野菜グループとしても利用できるので、両方のグループに入っています。好みや使いやすさで選んで使ってください。

◉ 納豆、豆腐、ゆであずき、ゆで大豆は肉・魚グループとしても野菜グループとしても利用できるので、両方のグループに入っています。好みや使いやすさで選んで使ってください。

手作り食＝
ごはん＋（野菜、芋、豆、肉、魚、卵）＋水

手作り食の基本は、野菜、芋、豆、肉、魚などを入れた具だくさんの“おじや”です。
特別な食材を用意する必要はありません。犬に食べさせてはいけない食材（94ページ参照）を除き、飼い主さんがふだん食べているもので作ることができます。

「手作り食のための食材早見表」の使い方

慣れないうちは、左ページの「食材早見表」を使って、食材の種類や量の目安をつかんでください。早見表は、食材を偏りなく選べるようにグループに分けてあります。
各グループの重量は、体重10kgの成長維持期の犬（成犬）1日分の目安量です。
それぞれのグループから家の冷蔵庫にあるものを選んで愛犬の体重に合わせて量を加減してください（重量の算出法は、28ページを参照）。選んだ食材を水やだしでおじやのように煮込めばでき上がりです。慣れてくると、1週間単位でいろいろなものを混ぜて食べさせていれば、栄養バランスの面も大丈夫ということが実感できるようになるはずです。

手作り食は、「水を食べるごはん」

ドライフードの水分は10％前後。私の経験では、具合の悪い子は「ドライフードを食べていて、水をあまり飲まない子」が非常に多い印象を受けます。自然界ではネズミやウサギを食べれば、その6～7割は水分です。葉っぱを食べれば8～9割が水分です。
そのうえで足りない水分は、水を飲むことで補給しています。
食材に含まれる水分は意外に多く、手作り食は、それを利用した「水を食べるごはん」です。水を食べて水分を無理なく十分にとることで、体内に溜まりすぎた老廃物が排泄されるようになるのです。

AAFCOの栄養基準は、
絶対的な指標ではありません

AAFCOとは、ペットフードの栄養基準です

AAFCO とは、米国飼料検査官協会のことでペットフードの栄養基準、原材料、ラベル表示などに関するガイドラインを作っています。現在、AAFCO の基準はペットの主食としての栄養基準を満たしていると一般的にいわれています。
飼い主さんでもご存じの方は多いのではないでしょうか。

自然界の食べ物では、達成できない基準です

しかし、AAFCO の栄養基準は「1kg のペットフードを作るときに、この割合でこの量を入れましょう」という目安です。また、この栄養基準には自然界で自力でエサをとる生活では達成することがむずかしい栄養素があります。
自然界の食べ物を食べるのでは達成しにくい基準を絶対視する必要があるのか疑問です。
以上のことを考えると、AAFCO の基準はそれなりの妥当性はあるにしても、絶対的な指標ではないと考えます。

水分不足、運動不足のほうが深刻な問題です

AAFCO の基準をはずれたり、栄養バランスが多少くずれたりしたからといってすぐに大きな問題が起こるわけではありません。それよりも、水分のとり方が足りなかったり運動不足のために酸素が十分にとり込めていなかったりするほうが、すぐに体調をくずします。
「栄養の知識のない素人なのに、手作り食をしても大丈夫なのかしら」と不安を口にされる飼い主さんはたくさんいらっしゃいますが、AAFCO の基準はあくまでも目安。まずは必要以上に神経質にならずに、気楽な気持ちで手作り食を始めてみてください。
犬は順応性の高い動物ですから、食生活の変化にも柔軟に対応できます。

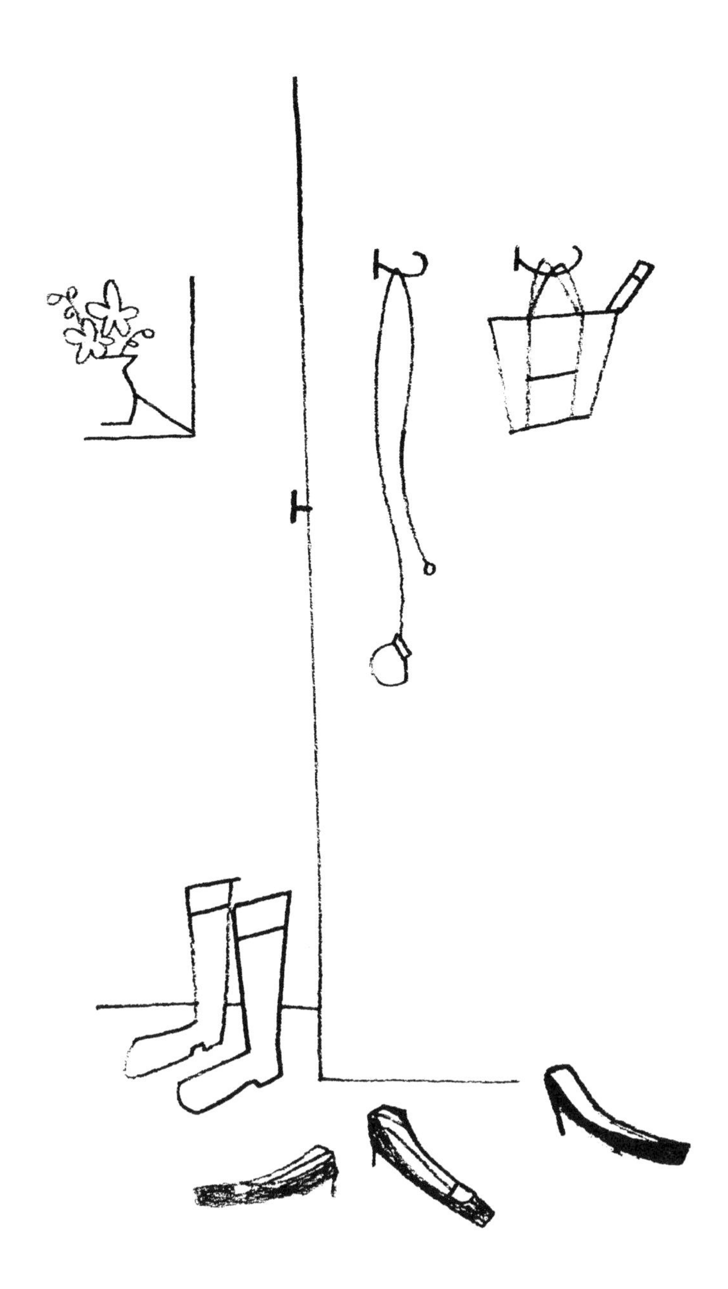

犬というくくりではなく、「丈夫な子」と「デリケートな子」に分けて考える

デリケートな子には、体に負担の少ない食事を！

ドッグフードは完全栄養食かもしれませんが、素材本来のおいしさや栄養は損なわれてしまっています。また化学物質（添加物など）入りのものであれば、体内で処理するのは愛犬の体にかなり負担がかかります。
もともと丈夫な子は負担をカバーできるでしょうが、体力のない子、デリケートな子はなにかしらの不調が出ても不思議ではありません。
体にやさしい食材で作られた手作り食は、体への負担が少ないごはんです。
これは、愛犬にとって有益なことではないでしょうか。全面的に手作り食に切り替えるべきだとはいいませんが、手作り食を１つの選択肢にしてほしいのです。

体に負担の少ない食事とは？

体に負担の少ない食事は、体調をよくすることにつながります。
体に負担の少ない食事のポイントは大きく分けて次の３つになります。

1. 水分をたっぷり含む食事
→ おしっこの量を増やして、体内の老廃物の排泄を促します。

2. 消化しやすい食事
→ 食べ物を消化するために要するエネルギーを節約できるので、
その分のエネルギーを症状の治癒にまわすことができます。

3. 化学物質含有量の少ない食事
→ 化学物質の分解処理は肝臓が行ないます。犬は肝臓に負担がかかると
元気がなくなってきますので、できるだけ化学物質の少ない食事にします。

以上のことから、当院ではドライフードよりも缶詰め、缶詰めよりも手作りの混ぜごはん、
混ぜごはんよりも汁かけごはん、おじやをすすめています。

デリケートな子は、徐々に切り替える

手作り食は、考え方も調理もむずかしいことはありません。
しかし、切り替えのときは「丈夫な子」と「デリケートな子」に分けて対応するべきだと考えます。
ほとんどの子は手作り食に切り替えても、まず問題は生じません。
ただし、デリケートな子の場合、一気に切り替えると一過性に吐いたり下痢をしたりします。
この場合の嘔吐や下痢は、「食べ慣れていないものが入ってきたので、様子見でいったん出します」という意味のもので、悪いことではありません。
デリケートな子は、移行プログラム（30ページ参照）を参考にして、これまで食べていたドッグフードと手作り食を併用しながら、徐々に切り替えていくと下痢や嘔吐もなくスムーズに移行することができます。

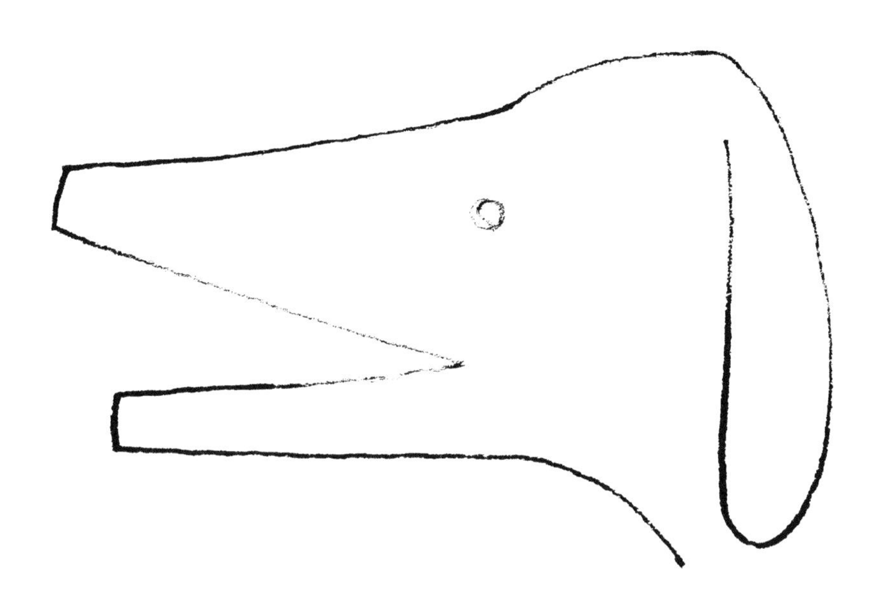

体が元に戻ろうとする過程で、一過性の症状が出ます

症状は、治ろうとする過程でも出ます

症状が出るときは、2つの場合があります。

1. 体調不良を示すサインの場合。

　その症状を見て、飼い主さんや獣医師は愛犬のプチ病気や病気を知ることになります。

2. 体が正常な状態に戻ろうとしている途中。

　自然治癒力を働かせ、体内に溜まってしまった原因を体外へ排除している状態です。

あわてて薬で症状を止めないでください

手作り食に切り替えると、いったん症状が広がったり悪化したりすることがあります。
これは体の自然治癒力が働き始め、体内の原因を排除し始めたサインで一過性のものです。しかし、多くの飼い主さんは驚いて、薬で症状を抑えてしまいがちです。
せっかく排除しようとしていた原因を体内に閉じ込めてしまっては、根本的な治療にはなりません。飼い主さんは、症状の意味を理解することが肝心です。

手作り食の治療は、まずは3〜6か月続けてみてください

プチ病気は、症状は様々であっても基本原因はいっしょですから、治療のための手作り食も基本的には同じものになります。手作り食による治療を始めて、たいてい3〜6か月で症状が解消できることが多いです。気長にゆったりとした気持ちで続けてください。

プチ病気を発見するために

トラブルは連鎖的に発生します

どこかの臓器なり体の部分にトラブルが起こって、それに気づかずにいるとトラブルは連鎖的に発生することがあります。血液中に老廃物が増えてくると解毒器官である肝臓に負荷がかかり始め、肝臓が弱ってきます。肝臓のトラブルが長引くと腎臓にも負担がかかり、腎臓のトラブルが起こることがあります。

発症場所から、トラブルの原因が推定できます

東洋医学ではある臓器や体の部分が弱っているときは、症状は体の別の部分に出ると考えられています。私の経験からいって、犬にもこの診断法は当てはまることが非常に多いのです。よく見られるプチ病気の発症箇所と原因をまとめましたので、参考にしてください。

症状、発症箇所	原因箇所
・皮膚、呼吸器系	腸
・毛	血液
・指の間	老廃物の溜まりすぎ
・目ヤニ、涙やけ	肝臓
・強いにおいの耳アカ、外耳炎	腎臓

こんな症状もプチ病気です

〔指の間が赤くはれる、毛の変色〕

汗はおしっこの次に主要な老廃物の排泄経路です。老廃物排泄のメインルートであるおしっこから、十分に老廃物が排泄されないと体は汗から排泄させようとします。
犬は全身で汗をかきませんが、指の間に汗の出るところがあります。
汗といっしょに老廃物が排泄されると、気になるのか指の間をなめるようになります。
これが続いてひどくなると指の間が赤くはれたり、足先の毛が変色したりします。

〔おしっこが黄色い〕

サプリメントなどでビタミンをたくさん摂取しているのでなければ、排泄不良のサインだと考えてください。食事中の水分量を増やすことでかんたんに改善されます。

〔フケ、かさかさ（乾燥肌）〕

様々な理由があると思いますが、ダイエットをさせようということで、食事中の脂肪分を減らしすぎたため、乾燥肌になっているケースによく出合います。
この場合は、食事に植物性脂肪（オリーブ油やキャノーラ油）をティースプーン１杯からカレースプーン１杯くらい（体の大きさによって増減してください）加えることで解決することがあります。

〔肥満〕

摂取エネルギーが消費エネルギーを上まわることで、脂肪として蓄積された状態です。
手作り食はドライフードに比べて水分含有量が多い分、100gあたりのエネルギーが少ないため、手作り食に切り替えただけでダイエットできました、という声を多く聞きます。
ただし、穀類で太りやすい子と、肉、魚類で太りやすい子がいますので、あなたの愛犬がどちらのタイプか調べるところから始めてください（110ページ参照）。

〔うんちが黒い〕

うんちの色は食べた物で変わるので、色だけでは判断できませんが、においがきつい場合は腸の状態があまりよい状態ではないことが考えられます。納豆などの発酵食品を食べさせたり、食物繊維の量を増やしたりすることでたいてい改善されます。

〔疲れやすい〕

手作り食にすると水分摂取量が増えるためなのか代謝がよくなり、疲れにくくなることがあります。老犬が遊ぶようになったという例は多いので、ぜひ試してみてください。

〔口臭〕

まず、動物病院などで歯や歯ぐきに問題がないかを調べてください。
特に問題がなければ、胃腸に問題がある可能性があります。野菜の多い手作り食を食べさせることで、改善するケースが多いので試してみてください。

〔脱毛〕

毛の状態は、血液の状態が反映されます。脱毛という現象で老廃物を排泄しているケースもあります。手作り食にして体内老廃物の排泄が進むと、自然と改善されるケースが多いので、半年〜1年単位の長い目で見てください。

〔食べムラ〕

愛犬が食べない原因はいろいろありますが、手作り食にするだけで食べてくれるようになることは少なくありません。

〔食糞〕

食糞は自然界では普通のことですが、飼い主さんにとってはショックなもの。
対策としては食事量を増やす、食物繊維量、たんぱく質量を増やす、消化しやすいものを食べさせる、海藻などミネラルの多いものを食べさせることがあげられます。
所有欲の強い犬だと、飼い主さんが糞をかたづけているのを見て「俺のものをなにするんだ！」と思うのか、食糞することもあるようです。そんな場合は、犬が見ていないところでかたづけることで解決できることもあるでしょう。

いちばん大事なことは、気楽に長く続けることです

たくさんの選択肢から、あなたとあなたの愛犬に合う方法を選んでください

多くの飼い主さんは、「唯一無二の正しい飼い方」を求めてたくさんの方法を見聞きしているうちに、なにを信じてよいかわからなくなってしまっているようです。
しかし残念ながら正しい飼い方、よい飼い方、悪い飼い方も存在しません。飼い主さんが望む結果に合うか、合わないかで判断するしかないのです。だからたくさんの選択肢から、あなたと愛犬に合う方法を選択してほしいのです。

犬は、基本的になにを食べても大丈夫です

「手作り食はむずかしい」、「制限が多い」という話を耳にしますが、この本では、「基本的になにを食べても大丈夫」というおおらかな気持ちからスタートします。そして犬が食べないほうがよい例外的な食材、体調不良がある場合に積極的に食べたほうがよいもの（49 ページからの疾病別手作り食レシピ参照）、逆に控えたほうがよいもの（93 ページからの犬に食べさせてはいけない食材・気をつけたい食材参照）を知っておけばよいと思っています。

毎日、手作り食でなくてもよいのです

愛犬は、あなたのストレスを敏感に感じとります。
時間がないとき、疲れているときにストレスを感じながら手作り食を作ることはありません。
気持ちよくできる“手間抜き”の方法を見つけてください。
手作り食を実践している飼い主さんの例をあげますので、参考になさってください。

1. 休みの日にまとめ作り。1回分ずつ冷凍保存し、解凍して使う。
2. 手作り食は作れる日だけ。ふだんは市販フードを活用する。
3. 市販フードに食材をトッピングする（48 ページ参照）。

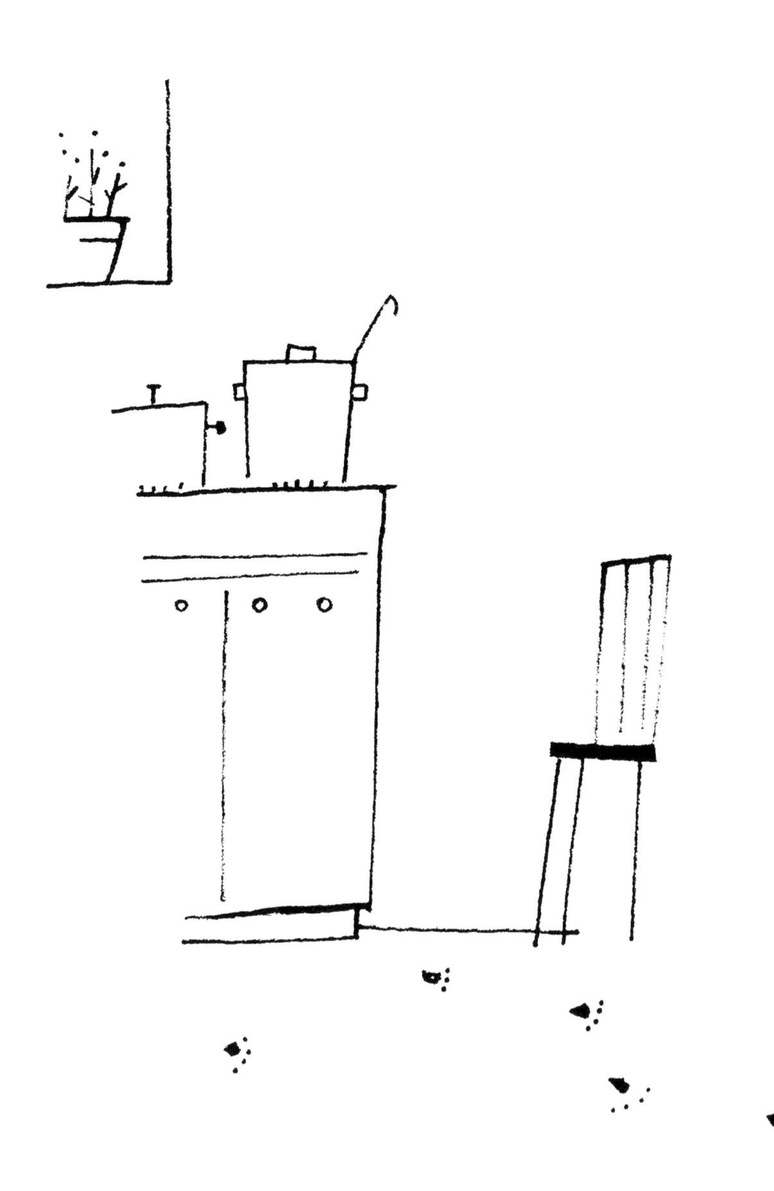

この本の使い方

●料理の写真は具材がわかりやすいように盛っています。犬に与えるときは全体をよく混ぜ合わせてください。

●材料の重量は体重 10kg の成長維持期の犬（成犬）1日分です。まとめて作って犬種に合わせて２〜３回に分けて食べさせます（28 ページ参照）。愛犬の体重に合わせ、換算率（28 〜 29 ページ）を参考にして重量は調整してください。

●材料表中の重量はすべて正味重量です。

●本書で使用している標準計量カップ・スプーンは、１カップ＝ 200ml、大さじ１＝ 15ml、小さじ１＝ 5ml です。

●こんぶ、干ししいたけ、煮干しの粉末はそれぞれミルサーなどで粉状にしたものを使用しています。
密閉容器に入れて冷蔵庫で保存し、なるべく早く使いきります。

Recipe 1

プチ病気のための
手作り食レシピ

プチ病気の原因である体に溜まった不調の原因の排泄を促して、症状を改善する手作り食24品です。元気な子が食べれば、自然治癒力、抵抗力の強い体作りに役立ちます。1回作って食べなくても、がっかりしないでください。
犬はその子によって食べ物の好みがありますが、続けるうちにだんだんと愛犬の好みもわかってきます。

《プチ病気の症状例》

○過剰な目ヤニ・涙やけ・脱毛
○口元の毛やけ・足先の毛の変色
○口臭・体臭・外耳炎・皮膚の湿疹
○指の間をなめて赤くはれる・肥満

あなたの愛犬に合った、食事の目安量を計算しましょう

食材は、手作り食のための食材早見表を目安にしましょう

手作り食で使う食材は、14ページの《手作り食のための食材早見表》の食品グループを目安にしてください。各食品グループから偏らず食品を選んでいれば、栄養バランスがくずれて不調になることはまずありません。

食べる量は犬種、体重、ライフステージで異なります

犬種、体重、ライフステージによって食べる分量は変わってきます。《手作り食のための食材早見表》や本書の手作り食の材料の重量は、成長維持期の体重10kgの犬を対象にした目安量です。あなたの愛犬に合った食材の目安量を出すには、表1の「ライフステージ別換算指数表」と表2の「体重別換算指数表」で愛犬に該当する換算率を調べて、その指数を《手作り食のための食材早見表》の食品重量やレシピの分量にかければよいのです。

表1
ライフステージ別換算指数表

ライフステージ	換算率	食事回数	小型犬	中・大・超大型犬
離乳食期	2	4	生後6～8週目	生後6～8週目
成長期前期	2	4	生後2～3か月	生後2～3か月
成長期	1.5	3	生後3～6か月	生後3～9か月
成長期後期	1.2	2	生後6～12か月	生後9～24か月
成長維持期	1	1～2	生後1～7年	生後2～5年
高齢期	0.8	1～2	生後7年目以降	生後5年目以降

表2
体重別換算指数表

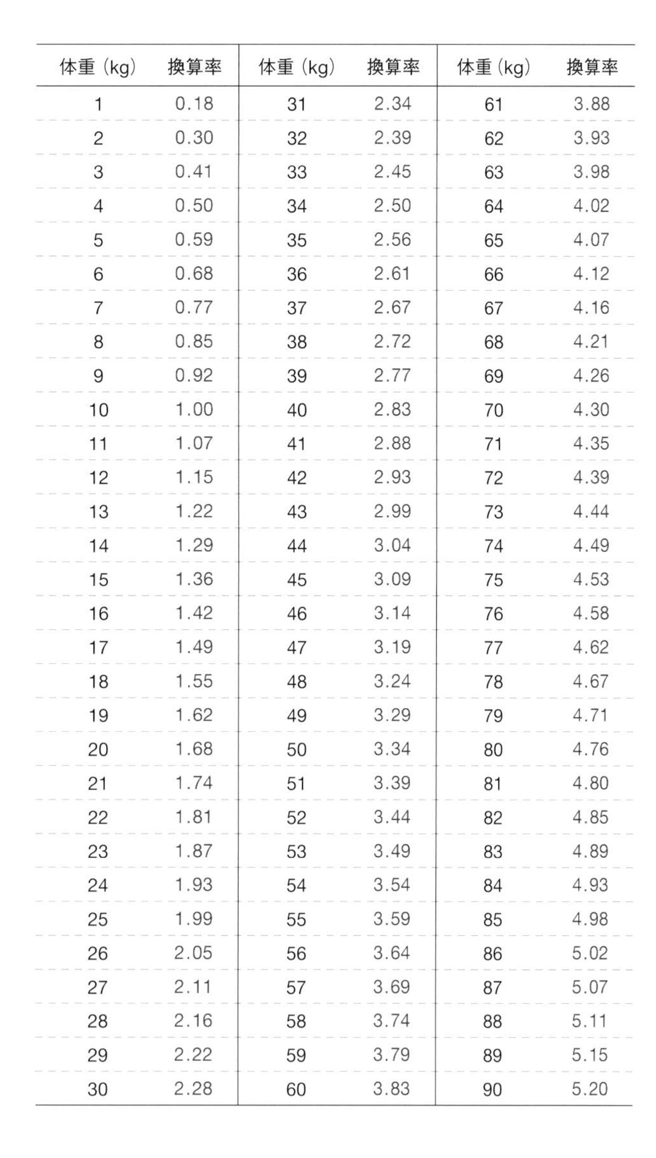

体重（kg）	換算率	体重（kg）	換算率	体重（kg）	換算率
1	0.18	31	2.34	61	3.88
2	0.30	32	2.39	62	3.93
3	0.41	33	2.45	63	3.98
4	0.50	34	2.50	64	4.02
5	0.59	35	2.56	65	4.07
6	0.68	36	2.61	66	4.12
7	0.77	37	2.67	67	4.16
8	0.85	38	2.72	68	4.21
9	0.92	39	2.77	69	4.26
10	1.00	40	2.83	70	4.30
11	1.07	41	2.88	71	4.35
12	1.15	42	2.93	72	4.39
13	1.22	43	2.99	73	4.44
14	1.29	44	3.04	74	4.49
15	1.36	45	3.09	75	4.53
16	1.42	46	3.14	76	4.58
17	1.49	47	3.19	77	4.62
18	1.55	48	3.24	78	4.67
19	1.62	49	3.29	79	4.71
20	1.68	50	3.34	80	4.76
21	1.74	51	3.39	81	4.80
22	1.81	52	3.44	82	4.85
23	1.87	53	3.49	83	4.89
24	1.93	54	3.54	84	4.93
25	1.99	55	3.59	85	4.98
26	2.05	56	3.64	86	5.02
27	2.11	57	3.69	87	5.07
28	2.16	58	3.74	88	5.11
29	2.22	59	3.79	89	5.15
30	2.28	60	3.83	90	5.20

生後20か月の大型犬で体重31kgの場合で計算してみましょう

1. ライフステージ別換算指数表の指数は、1.2。
   体重別換算指数表の指数は、体重31kgの場合は2.34が指数となります。
2. とろ〜りささ身おじや［32ページ、体重10kg成長維持期の犬（成犬）のレシピ］で計算してみましょう。
   ごはん100 g × 1.2 × 2.34 = 280.8g（約280g）
   ささ身150 g × 1.2 × 2.34 = 421.2g（約420g）

これと同じ方法で、他の材料の分量も算出します。あくまでも目安量ですから、
実際に手作り食を作るときは、少しぐらい多くても少なくても気にする必要はありません。
おおらかな気持ちでトライしてみましょう。

手作り食の第1歩、
移行プログラムから始めましょう

これまでの食事から、徐々に切り替えます

手作り食に切り替えるとき、たいへん心配される飼い主さんが多いのですが、元気なワンちゃんであれば問題なく適応できます。
ただし、肉食中心だった子やデリケートな子はいきなり切り替えると嘔吐や下痢などを起こすことがあります。切り替え時に嘔吐や下痢を起こしても、愛犬が元気なようならば新しい食べ物にまだ慣れていないためだと考えて心配しなくても大丈夫です。
またデリケートな子でも、これまでの食事をとり混ぜながら徐々に移行すれば、無理なくなじんでいく適応力を犬は持っているので安心してください。
ふだんから元気なワンちゃんの飼い主さんでも、心配な方は手作り食の移行プログラムから始めることをおすすめします。

移行プログラム

今までの食事（市販フード）と手作り食の重量割合を表のように変えていきます。
あくまでもこの表は目安と考えて、愛犬の様子を見ながら焦らずゆったりとしたペースで進めていきましょう。

日　数	今までの食事の量		手作り食の量
1〜2日目	9	対	1
3〜4日目	8	対	2
5〜6日目	7	対	3
7〜8日目	6	対	4
9〜10日目	5	対	5
11〜12日目	4	対	6
13〜14日目	3	対	7
15〜16日目	2	対	8
17〜18日目	1	対	9
19〜20日目	0	対	10

《手作り食に切り替えると出る症状例》
・目ヤニ・鼻水・耳アカ・湿疹・よだれ
・脱毛・フケ・体臭
・指の間をなめる・倦怠感・発熱※
・口臭・虫が寄ってくる

手作り食に切り替えると、一時的に上記の症状が出ることがあります。これらの症状は、体内に溜まっている不調の原因を体外へ排泄させて正常な状態に戻ろうとする自然治癒力が働き始めたサインです。個体差はありますが、多くの場合３〜６か月で症状はおさまってきます。症状が出ると不安になって手作り食を断念する飼い主さんがいらっしゃいますが、時間はかかっても症状は必ずおさまるので安心して手作り食を続けてください。
（※40度以上の発熱の場合は、なんらかの病気が原因とも考えられますので、すぐに動物病院で診察してもらってください。）

手作り食のスタートはくず湯、くず練りから

移行プログラムの1～2日目の手作り食はくず湯かくず練りにします。
手作り食の第1歩にくず湯、くず練りをすすめる理由は効率よくエネルギーを摂取できて
消化しやすいうえ、胃腸を整える効果が期待できるからです。
愛犬の様子を見て3日目以降もおじやなどの手作り食と合わせて食べさせてかまいません。
くず粉はくずという植物の根からとれるでんぷんの一種です。
「くず粉」という名称でさつま芋やじゃが芋のでんぷんが配合された商品が売られていますが、
くずでんぷんが原料の「本くず粉」をご活用ください。

くず湯

下痢のとき、消化器が弱っているときのエネルギー補給にも効果的です。ちょっと疲れているようなときにも飲ませるとよいでしょう。量は、飲みたいだけ飲ませてかまいません。

材料
本くず粉　大さじ1
水(またはだし、肉のゆで汁など) 180㎖

作り方
1. なべにくず粉を入れ、少量の水(分量外)を加えてダマができないようにとく。
2. 水180㎖を加えてよく混ぜて火にかけ、木べらなどで透明になってとろみが出るまで絶えず混ぜながら火を通す。
3. よくさまして器に盛る。
※水の分量は240㎖まで増やせるので、好みのかたさになるように加減してください。
※水の代わりに肉や魚の煮汁にすると、さらに喜んで食べるはずです。
※おなかの弱い子は、すべての食事にくずを加えてあんかけ状にしてあげていると、調子がよくなることが多いです。

栄養スープ

食材のエキスを煮出したスープです。手作り食に移行中のとき、元気なときはもちろん食欲がないとき、疲れた様子のときなどに飲ませてください。
量は飲みたいだけ飲ませてかまいません。

作り方
1. なべに野菜、肉、魚、海藻、きのこ(分量はそれぞれ適量でよい)を入れ、かぶるくらいの水を加え、ふたをして弱火で30～40分ほど煮る。
2. 煮汁を漉(こ)し、さます。
※まとめて作って、冷凍しておくと便利です。

くず練り

くず湯よりも濃度が高いのでその粘りけで腸壁に付着し、胃腸の荒れや脱水を防ぎ、下痢などの不調を解消します。量は食べたいだけ食べさせてかまいません。

材料
本くず粉　大さじ3
水 180㎖

作り方
くず湯と同様にして作る。
※水の分量は240㎖まで増やせるので、好みのかたさになるように加減してください。
※水の代わりに肉や魚の煮汁にすると、さらに喜んで食べるはずです。

おじや

手作り食にまだ慣れていないころは、
おじやに少しとろみがあるほうが食べやすいようです。
本くず粉などでとろみをつけるか、
よく煮込むとよいでしょう。

かんたん手作りのヒント 

《玄米のまとめ炊き》

1. 玄米はさっと水で洗ってよごれを除き、
ざるにあげて30分ほど吸水させます。
2. 圧力なべに玄米、玄米の1.2倍容量の水を加えます。
3. ふたをしておもりをのせ、強火で10分加熱し、
シュッシュッと音がし始めたら、3分間圧をかけます。
4. 火を消し、そのまま15分蒸らし、
おもりをずらして蒸気を外に出します。
5. さっくりと混ぜ、1回分ずつラップに包んで冷凍します。

とろ～りささ身おじや

ささ身は脂肪が少なく、良質のたんぱく質源です。
本くず粉のとろみは、胃腸を保護する効果が期待できます。

材料　1日分(10kgの成犬の場合)
ごはん(白米、胚芽米、発芽玄米、玄米など好みで)　100g
鶏ささ身　150g／にんじん　30g／ごぼう　20g
生しいたけ(軸は除く)　1枚／わかめ　もどして10g
A
- 粉末煮干し　10g
- 鶏がらスープ　2カップ
- 酒　大さじ1

本くず粉　大さじ½
サラダ油　小さじ1

1. ささ身は一口大に切る。にんじんは短冊切りにする。
ごぼうはささがきにして水にさらし、水けをきる。
2. 生しいたけとわかめはみじん切りにする。
3. なべにサラダ油を熱し、にんじん、ごぼう、しいたけを入れていため、しんなりしたら鶏肉を加えていためる。
4. Aを加えて煮立て、アクを除き、ごはんを加えて野菜がやわらかくなるまで煮る。
5. わかめを加え、倍量の水でといたくず粉を加えて
とろみをつける。

〔飼い主さんは……〕
このままでもおいしくいただけます。
好みで塩少量で味をととのえます。

スタミナポークおじや

豚肉はビタミンB_1が豊富。
緑黄色野菜も加えてビタミン、食物繊維を補います。

材料　1日分（10kgの成犬の場合）
ごはん（白米、胚芽米、発芽玄米、玄米など好みで）　100g
豚こま切れ肉　150g
卵　1個
ほうれん草　30g
キャベツ　3枚
トマト　小1個
にんにく　1かけ
ごま油　小さじ1

1. 豚肉は一口大に切る。卵は割りほぐす。
2. ほうれん草はゆでて水けを絞り、2cm長さに切る。
キャベツは一口大にちぎり、トマトはざく切り、にんにくはみじん切りにする。
3. なべにごま油を熱し、にんにく、キャベツ、トマトを入れていため、火が通ったら豚肉を加えていため、かぶるくらいの水（分量外）を加える。
4. 煮立ったらアクをとり除き、ほうれん草を加え、野菜がやわらかくなるまで煮、ごはんを加えて煮る。
5. 卵をまわし入れてふたをしてひと煮し、火を消して5分蒸らす。

〔飼い主さんは……〕
作り方4で愛犬の分にだけごはんを加えます。
飼い主さんは顆粒ブイヨンや塩、こしょうで調味してスープに。

タラおじや

タラやこんぶから出るうま味と香りは犬の大好物です。
にんじん、ブロッコリーは甘味があってよく食べる野菜です。

材料　1日分（10kgの成犬の場合）
ごはん（白米、胚芽米、発芽玄米、玄米など好みで）　100g
タラ　100g
かたゆで卵　1個
にんじん・ブロッコリー　各20g
しめじ　10g
粉末こんぶ　10g
オリーブ油かごま油　小さじ1

1. にんじんは一口大に切り、ブロッコリーは小房に分ける。
しめじはみじん切りにする。
2. タラはかぶるくらいの沸騰湯でゆで、とり出して骨を除く。
再びゆで湯に戻し入れ、粉末こんぶ、1を入れて、かぶるくらいの湯（分量外）を足し、野菜がやわらかくなるまで煮る。
3. ごはんを加えてさっと混ぜ、5分煮る。
4. さまして器に盛ってオリーブ油をかけ、
あらく刻んだゆで卵をのせる。

〔飼い主さんは……〕
粉末こんぶを使っているので、だしがきいています。
しょうゆなどで調味します。

ごちそうおじや

具だくさんのちょっと贅沢なおじやと
スープかけごはんです。
ごちそうに愛犬も大喜びのはず。

かんたん手作りのヒント 2

《手作り食のさまし方》
できたて熱々の手作り食を急冷させたいときは、
氷を使うと便利です。
食器に盛ったおじやなどに氷を1かけら入れては
かき混ぜてとかし、人肌になるまでくり返します。
犬の世界は上位の者が先に食事をすることになって
いるので、飼い主さんたちが食事をし始めてから
犬に食事を与えるようにしてください。

野菜スープかけごはん

大根、納豆は消化を助け、ほうれん草は余分なナトリウムや
尿酸を排泄する働きがあります。

材料　1日分（10kgの成犬の場合）
ごはん（白米、胚芽米、発芽玄米、玄米など好みで）　100g
豚こま切れ肉　150g
にんじん・大根・まいたけ　各30g
ほうれん草　20g
A［粉末煮干し　30g
　 粉末こんぶ　20g
納豆　1パック

1. にんじん、大根は短冊切りにする。
まいたけはみじん切りにする。
2. ほうれん草はゆでて水けを絞り、あらく刻む。
3. なべに**1**、Aを入れてかぶるくらいの水（分量外）を加えて
煮立て、豚肉を加え、野菜に火が通るまで煮る。
4. 器にごはんを盛ってさました**3**をかけ、納豆、
ほうれん草をのせる。

〔飼い主さんは……〕
作り方3でとり分けて、ごはんにかけても。
カレーのような色は、粉末煮干しと粉末こんぶのものです。

スペシャルおじや

サケは必須脂肪酸を豊富に含み、
成長期のワンちゃんにはぴったりの食材です。

材料　1日分（10kgの成犬の場合）
はと麦入りごはん（50ページ参照）　100g
生ザケ 100g／にんじん・かぼちゃ　各30g
ブロッコリー・こんにゃく　各20g／ひじき　乾5g
A
- 粉末干ししいたけ　15g
- 粉末こんぶ　10g
- 粉末煮干し　5g

納豆　1パック
すりごま・きなこ　各大さじ1／ごま油　小さじ1

1. サケは小骨をとり除いて一口大に切る。にんじんは短冊切り、
かぼちゃはわた、種、皮を除いて一口大に切る。
ブロッコリーは小房に分けてゆでる。こんにゃくは小さくちぎる。
2. ひじきは水でやわらかくなるまでもどし、
食べやすい長さかみじん切りにする。
3. なべにA、野菜、こんにゃく、ひじきを入れ、かぶるくらいの
水（分量外）を加えて煮立て、サケを加えて火が通るまで煮る。
4. はと麦入りごはんを加えてひと煮する。
5. さました**4**を器に盛り、すりごま、きなこ、納豆をのせ、
ごま油をかける。

〔飼い主さんは……〕
サケを焼いたときに、用意しやすい野菜を加えてワンちゃんに
作ってあげてください。

ブイヤベース風汁かけごはん

サバなど青背の魚に含まれる脂肪酸は血液の流れをよくして、
中性脂肪を低下させます。

材料　1日分（10kgの成犬の場合）
ごはん（白米、胚芽米、発芽玄米、玄米など好みで）　100g
サバ　150g／にんじん　30g
トマト　½個／ブロッコリー　20g
にんにく　1かけ／オリーブ油　大さじ1
サフラン　ひとつまみ
A
- 白ワイン　¼カップ
- 固形スープの素　⅓個
- 水　1カップ

1. にんじんは短冊切り、トマトはざく切り、にんにくはみじん
切りにする。ブロッコリーは小房に分けてゆでる。
2. サフランはぬるま湯1カップ（分量外）に浸して色を出す。
3. なべにオリーブ油を熱し、にんにく、にんじん、ブロッコリーを
加えていため、しんなりしたらトマトと**2**を汁ごと加え、
Aを加えて中火で10分煮る。
4. 食べやすい大きさに切って骨を除いたサバを加え、
火が通るまで煮る。
5. 器にごはんを盛り、さました**4**をかける。

〔飼い主さんは……〕
作り方4でとり分けて、塩、こしょうなどで調味します。

混ぜごはん

喜んで食べていたおじややスープかけごはんを、
あまり食べなくなることがあります。
目先を変えて混ぜごはんにしてみると、
また食べ始めることがよくあります。

かんたん手作りのヒント 3

《1週間分まとめて作って冷凍保存》
冷凍庫を活用して、食事の支度にかける時間と手間を
減らしましょう。
たとえば混ぜごはんなら1週間分をまとめて作ってしまい、
1回分ずつに分けて冷凍しておくとかんたんに
バランスのとれた食事をいつも愛犬に食べさせる
ことができます。
食材をまとめ買いすることで、費用の節約にもなります。

鶏肉とゆで卵の混ぜごはん

ゆで卵は良質なたんぱく質源です。週に1個が目安量です。
生で与えるときは必ず白身はとり除きましょう。

材料　1日分(10kgの成犬の場合)
ごはん(白米、胚芽米、発芽玄米、玄米など好みで)　100g
鶏肉(好みの部位)　150g
かたゆで卵　1個
にんじん　30g
粉末こんぶ　10g
オリーブ油かごま油　大さじ1

1. フライパンにオリーブ油を熱し、一口大に切った鶏肉を入れて
いためる。
2. にんじんはやわらかくゆで、みじん切りにする。
ゆで卵はあらく刻む。
3. ボールに**1**、にんじん、粉末こんぶ、ごはんを入れて
よく混ぜ合わせ、器に盛り、卵を散らす。

〔飼い主さんは……〕
愛犬分をとり分けたら、塩適量で味をととのえます。

ひき肉入り混ぜごはん

ひき肉は消化のよいたんぱく質源です。下痢をしやすいワンちゃんや離乳期の子犬に与えるとよいでしょう。

材料　1日分（10kgの成犬の場合）
ごはん（白米、胚芽米、発芽玄米、玄米など好みで）　100g
ひき肉（鶏肉、豚肉、牛肉など好みで）　100g
にんじん　50g
ブロッコリー　20g
粉末こんぶ　10g
粉末干ししいたけ　2枚分
オリーブ油　小さじ1

1. ブロッコリーは小房に分け、にんじんは一口大に切る。ともに沸騰湯でやわらかくゆでる。
2. フライパンにオリーブ油を入れて熱し、ひき肉を加えて色が変わるまでいためる。
3. 1、粉末こんぶ、粉末干ししいたけ、ごはんを加え、全体をいため混ぜる。
4. さまして、器に盛る。

〔飼い主さんは……〕
愛犬分をとり分けたら、塩適量で味をととのえます。

牛ごぼう混ぜごはん

ごぼう、しめじ、ひじきは食物繊維が豊富なので便秘解消に効果大。消化しやすいように細かく切ります。

材料　1日分（10kgの成犬の場合）
ごはん（白米、胚芽米、発芽玄米、玄米など好みで）　100g
牛薄切り肉　150g
卵　1個
にんじん　30g
ごぼう・しめじ　各20g
ひじき　もどして20g
だし　1カップ
ごま油　小さじ1

1. 牛肉は一口大に切る。
2. にんじんは短冊切りにする。ごぼうは小さめのささがきにして水にさらし、水けをきる。ひじきとしめじはみじん切りにする。
3. なべにだしを入れて煮立て、**1**、**2**を入れて汁けがほとんどなくなるまで煮る。
4. **3**にごはん、割りほぐした卵、ごま油を加え、全体が均一になるように混ぜながら、さっと火を通す。
5. さまして器に盛る。

〔飼い主さんは……〕
愛犬分をとり分けたら、塩かしょうゆで味をととのえます。

いろいろ具材の混ぜごはん

根菜、魚、はと麦、海藻、きなこなどは健康によい食材ですし、喜んで食べる犬は意外に多いもの。ぜひトライしてみてください。

かんたん手作りのヒント 4

《よく使う食材は下処理して冷凍》
ひじきなど海藻類は水でもどしたあと、
みじん切りかフードプロセッサーで細かくします。
それをフリーザーバッグに入れて5mm厚さくらいの
シート状に整え、冷凍します。
使うときは必要な分を袋からパキッと折って使います。
しょうがもまとめておろし器ですって、ひじきと同様に
シート状に凍らせておきます。

大根とひき肉の混ぜごはん

ひじきは鉄分、カルシウムが豊富な食材。
長いままだと消化しにくいので、みじん切りにします。

材料　1日分(10kgの成犬の場合)
ごはん(白米、胚芽米、発芽玄米、玄米など好みで)　100g
豚ひき肉　150g
卵　1個
大根　30g
にんじん　20g
ひじき　もどして20g
だし　1カップ
ごま油　小さじ1

1. 大根、にんじんは小ぶりの乱切りにする。
ひじきはみじん切りにする。
2. なべにだしを入れて煮立て、ひき肉を加えてほぐしながら
火を通し、**1**を加えて汁けがほとんどなくなるまで煮る。
3. ごはん、割りほぐした卵、ごま油を加え、
全体が均一になるように混ぜて火を通す。
4. さまして器に盛る。

〔飼い主さんは……〕
愛犬分をとり分けたら、塩かしょうゆで味をととのえます。

サケチャーハン

ミックスベジタブルは犬が好む食材の1つ。
うす味に調味したものを与えても大丈夫です。

材料　1日分（10kgの成犬の場合）
ごはん（白米、胚芽米、発芽玄米、玄米など好みで）　100g
生ザケ　150g
卵　1個
ミックスベジタブル　50g
サラダ油　大さじ1

1. サケはオーブントースターなどで焼き、
細かくほぐして骨をとり除く。卵は割りほぐす。
2. フライパンにサラダ油を熱し、卵を流し入れ、菜ばしなどで
かき混ぜていり卵にし、サケとミックスベジタブルを加えていため、
ごはんを加えてよくいためる。
3. さまして器に盛る。

〔飼い主さんは……〕
愛犬分をとり分けたら、塩で味をととのえます。

麦入り混ぜごはん

はと麦には消炎、利尿、鎮痛、排膿作用があり、
体内の水分や血液の流れをよくし、便秘解消にも効果大。

材料　1日分（10kgの成犬の場合）
はと麦入り胚芽米ごはん（50ページ参照）　100g
鶏肉（好みの部位）　100g
鶏レバー（水にさらして臭みを除く）　40g
にんじん・かぼちゃ　各30g／ブロッコリー・こんにゃく　各20g
ひじき　もどして20g
A
- 粉末干ししいたけ　15g
- 粉末こんぶ　10g
- 粉末煮干し　5g

納豆　1パック／きなこ・すりごま　各大さじ1／ごま油　大さじ1

1. 鶏肉とレバーは一口大に切り、にんじん、こんにゃくは
短冊切りにする。ブロッコリーは小房に分けてゆでる。
かぼちゃはわた、種、皮をとり除いて一口大に切る。
2. ひじきはみじん切りにする。
3. なべにごま油を熱し、鶏肉とレバーを入れていため、
にんじん、ブロッコリー、かぼちゃ、こんにゃくを加えていためる。
4. はと麦入りごはんを加えてよくいため混ぜ、A、**2**、
納豆を加えてさっと混ぜる。
5. さまして器に盛り、きなことすりごまをかける。

〔飼い主さんは……〕
作り方3でとり分けて、好みの調味料で味をととのえます。

めん類

犬はうどん、そば、中華めん、パスタなど
めん類が大好き。
一般的には3～4cm長さに切ると食べやすい
ようですが、愛犬に合わせて調節してください。

かんたん手作りのヒント 

《余り野菜で自家製野菜ペースト作り》
ちょっぴり残ってしまった野菜や人間の食事の支度で出た
野菜の皮や芯をまとめてゆでて、フードプロセッサーで
ペースト状にしておきます。
ごはんや肉の上に適量のせれば、手作り食のでき上がり
です。にんじん、かぼちゃ、ブロッコリーなどは
甘味があって犬が好きな野菜なので、あれば入れて
あげてください。

鶏肉うどん

うどんは消化がよいので、ちょっと体調の悪いときにもよい
食材です。汁は食べやすい量に加減してください。

材料　1日分（10kgの成犬の場合）
ゆでうどん　1玉
鶏肉（好みの部位）　150g
にんじん　50g
グリーンピース（冷凍）　20g
しめじ・ちりめんじゃこ　各10g
粉末こんぶ　10g
ごま油　小さじ1

1. うどんは食べやすい長さ（3～4cm長さを目安）に切る。
2. にんじんは短冊切りにする。鶏肉は一口大に切る。
しめじはみじん切りにする。
3. なべにちりめんじゃこ、粉末こんぶ、しめじを入れ、
かぶるくらいの水（分量外）を加えて煮立てる。
4. 鶏肉とにんじんを加え、火が通るまで煮る。
1とグリーンピースを加え、ひと煮したら火を消す。
5. さまして器に盛り、ごま油をかける。

〔飼い主さんは……〕
粉末こんぶの風味があるので、そのままでもいただけます。
好みで塩などで調味しても。

野菜たっぷりあんかけそば

あんかけのとろみがそばを食べやすくします。
白菜は胃腸に負担をかけにくい食材です。

材料　1日分（10kgの成犬の場合）
そば　乾80g
豚こま切れ肉　150g
白菜・キャベツ　各50g／にんじん　30g
もやし　20g／生しいたけ　2枚
ピーマン　½個／きくらげ　3個
水　2カップ
かたくり粉　大さじ1
ごま油　大さじ1

1. そばはゆでて湯をきり、洗って水けをきり、
食べやすい長さ（3〜4cm長さを目安）に切る。
2. ピーマンは一口大に切る。にんじん、キャベツは
短冊切りに、しいたけは薄切りに、白菜は食べやすい大きさの
そぎ切りにする。きくらげは水でもどし、食べやすい大きさに切る。
3. なべにごま油を熱し、豚肉を入れていため、にんじん、キャベツ、
白菜、しいたけ、もやしを加えてさっといため、分量の水を加える。
4. 煮立ったらピーマン、きくらげを加えて野菜がやわらかくなる
まで煮る。
5. 倍量の水でといたかたくり粉を加えてとろみをつける。
6. 器に**1**を盛り、さました**5**をかける。

〔飼い主さんは……〕
作り方5でとり分けて、顆粒ブイヨン、塩、しょうゆなどで調味します。

ビーフ焼きそば

犬は香りが強すぎると食べないので
ソースで調味するのは避けましょう。

材料　1日分（10kgの成犬の場合）
中華蒸しめん（焼きそば用）　1玉
牛薄切り肉　150g
にんじん・キャベツ　各30g
ピーマン　1個
もやし　20g
生しいたけ　1枚
ごま油　大さじ1

1. 牛肉は一口大に切る。
2. にんじん、キャベツ、ピーマンは太めの細切りにする。
しいたけは軸を除いて薄切りにする。
3. フライパンにごま油を熱し、牛肉を入れていため、
2ともやしを加えていためる。
4. 野菜がしんなりしたら、めんをほぐして加えていためる。
5. さまして器に盛る。

〔飼い主さんは……〕
作り方4でとり分けて、ソースで調味します。

パスタ

マカロニなどのショートパスタは食べやすい
長さなので切る手間が省けて便利な食品です。
塩湯でゆでてパスタに塩けがついても、
この程度は問題ありません。

かんたん手作りのヒント 

《粉末の煮干し、こんぶ、干ししいたけの活用法》
犬は色をコントラストでしか認識できないので、
仕上がりの美しさは関係ありません。
犬はおいしそうなにおいがすると喜んで食べるものです。
粉末の煮干しやこんぶ、干ししいたけなどの香りは
大好きです。
「食べたくないのかな」と思うときにふりかけると、
急に食べ始めることがよくあります。
ちりめんじゃこの香りも大好きです。

アスパラガスのスパゲティ

適量のオリーブ油は毛づやをよくし、
血液さらさらの効果が期待できます。

材料　1日分（10kgの成犬の場合）
スパゲティ　乾40g
豚こま切れ肉　150g
グリーンアスパラガス　2本
オリーブ油　大さじ1

1. スパゲティは半分に折って表示の通り塩湯でゆでる。
ゆで湯はとっておく。
2. 豚肉は2cm幅に切る。アスパラは下半分の皮を皮むき器でむき、2〜4cm長さの斜め切りにする。
3. フライパンにオリーブ油を熱し、豚肉を入れていため、
アスパラを加えていためる。
スパゲティのゆで湯を大さじ2〜3加え、少し煮つめる。
4. スパゲティを加えて混ぜ合わせる。さまして器に盛る。

〔飼い主さんは……〕
最後に塩、こしょうで味をととのえます。

サーモンスパゲティ

ミネラル、食物繊維が豊富な海藻をトッピングして体内の
老廃物を排出しやすくします。わかめやひじきでもOKです。

材料　1日分（10kgの成犬の場合）
スパゲティ　乾40g
生ザケ　100g
にんじん・ブロッコリー　各50g
えのきたけ　20g
海藻ミックス　乾10g
オリーブ油　大さじ1

1. 海藻ミックスはミルサーなどで細かくする。
2. スパゲティは半分に折って表示の通り塩湯でゆでる。
ゆで湯はとっておく。
3. サケは小骨をとり除いて一口大に切る。
にんじんは短冊切りにする。ブロッコリーは小房に分けてゆでる。
えのきは根元を切り除き、2〜3cm長さに切る。
4. フライパンにオリーブ油を熱し、にんじん、ブロッコリーを
入れていため、サケ、えのきを加えてサケに火が通るまでいためる。
5. スパゲティのゆで湯大さじ2〜3と**1**を加えて少し煮つめる。
6. スパゲティを加えて混ぜる。さまして器に盛る。

〔飼い主さんは……〕
最後に塩、こしょうで味をととのえます。

チキントマトソースパスタ

マカロニなどのショートパスタは、長さが食べやすいせいか
よく食べます。トマト味は甘味があって好まれる味です。

材料　1日分（10kgの成犬の場合）
パスタ（好みのもの）※　乾40g
鶏肉（好みの部位）　150g
にんじん　40g
ブロッコリー　20g
マッシュルーム（缶詰め）　20g
トマトの水煮缶詰め　1缶
オリーブ油　大さじ1

1. にんじんは一口大に切り、ブロッコリーは小房に分ける。
マッシュルームはみじん切りにする。鶏肉は一口大に切る。
2. なべに湯を沸かし、にんじん、ブロッコリー、パスタを入れて
ゆでる。野菜はやわらかくなったらとり出す。
パスタは表示の時間の通りゆで、湯をきる。
3. フライパンにオリーブ油を熱し、鶏肉を入れていため、
表面の色が変わったら、つぶしたトマトの水煮、マッシュルーム
を入れてひと煮し、**2**を加えてからめるように混ぜる。
4. さまして、器に盛る。
※パスタはマカロニなどのショートパスタならそのままで、
スパゲティの場合は食べやすい長さに切ってください。

〔飼い主さんは……〕
最後に塩、こしょう、好みのハーブなどを加えて味をととのえます。

おかず風ごはん

ごはんの代わりに豆や芋を使ったものや
肉、魚を主体にしたおかず風のごはんです。
汁っぽいごはんに飽きてきたころに出すとよいでしょう。

ビーフベジエッグ

レバーは犬の好物の1つ。ひき肉、大豆、卵と良質なたんぱく質たっぷりですが、野菜も忘れずに組み合わせましょう。

材料　1日分（10kgの成犬の場合）
牛ひき肉　100g
ゆで大豆・レバー　各50g
キャベツ　50g
にんじん　40g
ピーマン　1個
卵　1個
オリーブ油かごま油　小さじ1

かんたん手作りのヒント

《魚のまとめ買いと保存法》
イワシなど新鮮な魚が安く買えるときは、まとめ買いしてまとめゆでを。圧力なべを使うと骨までやわらかくポロポロになるので安心して与えられます。
イワシは冷凍保存しておきますが、なべに残ったスープも製氷皿でキューブ状に凍らせて保存しておきます。
おじやなどにポンと1個入れるだけで、だしと風味づけになります。

1. レバーはあらく刻む。
2. キャベツ、にんじん、ピーマンはフードプロセッサーにかけてみじん切りにする。
3. フライパンにオリーブ油を入れて熱し、ひき肉と**1**を加えて色が変わるまでいためる。
4. **2**と大豆を加えて、野菜に火が通るまでいため、割りほぐした卵を加えて大きく混ぜながら、卵に火を通す。
5. さまして、器に盛る。

〔飼い主さんは……〕
牛ひき肉を使うときに、愛犬に作ってあげてください。

イワシのハンバーグ

イワシのにおい消しに使うしょうがは、解熱作用、抗炎症作用、鎮痛作用、殺菌作用など様々な効能があります。

材料　1日分（10kgの成犬の場合）
イワシ　2〜4尾（正味150g）
ミックスベジタブル　50g
卵　1個
小麦粉　大さじ1
おろししょうが　小さじ1
酒　小さじ2／みりん　小さじ½
おろし大根　100g
サラダ油　小さじ1

1. イワシは開いて中骨、内臓、皮を除き、包丁で細かくたたく。
2. ボールに卵を割りほぐし、おろし大根とサラダ油以外のすべての材料を加えてよく混ぜ合わせる。
3〜4等分し、小判形にまとめる。
3. フライパンにサラダ油を熱し、**2**を入れて両面をこんがりと焼いて火を通す。
4. 器にさました**3**を盛り、大根おろしをのせる。

〔飼い主さんは……〕
作り方2でとり分けて塩、しょうゆ、酒などを加えて練り混ぜます。
あとは同様に焼きます。

生で食べる鶏肉サラダ

生肉、生野菜は犬にとっては噛む楽しみがある食材。
おろし大根、納豆も入って消化のよい1品です。

材料　1日分（10kgの成犬の場合）
鶏ささ身　150g
鶏レバー　40g
にんじん・キャベツ　各50g
おろし大根　50g
納豆　1パック

1. にんじん、キャベツはせん切りにする。
ささ身とレバーは一口大に切る。
2. おろし大根と納豆は合わせて混ぜる。
3. 器に野菜を盛り、**2**、ささ身、レバーをのせる。

〔飼い主さんは……〕
新鮮なささ身、レバーが手に入ったときに
愛犬に作ってあげてください。

いろいろ具材のおかず風ごはん

いろいろな食材を食べさせても大丈夫とわかると、
気を楽にして手作り食を続けていけるようになります。

スタミナベジタブル

カテージチーズは低脂肪でカルシウム源になるおすすめ
食材です。生のキャベツはせん切りが食べやすいようです。

材料　1日分（10kgの成犬の場合）
豚こま切れ肉　100g
ゆで大豆・にんじん・キャベツ　各50g
ひじき　もどして20g
カテージチーズ　30g
にんにく　1かけ
オリーブ油かごま油　小さじ1

かんたん手作りのヒント 

《豆類は市販の水煮豆を利用》
最近は、いろいろな種類の水煮の豆が売られています。
買うときは、原材料名をチェックし、できるだけ添加物の少ないものを選びます。
豆が消化しづらいワンちゃんには、まとめてフードプロセッサーにかけてつぶします。
フリーザーバッグに入れて5mm厚さくらいのシート状に整えて冷凍し、使うときは必要な分を折って使います。

1. にんじんは1cm角に切り、ひじきとともに沸騰湯でさっとゆで、湯をきる。ひじきはフードプロセッサーにかけてみじん切りにする。
2. 豚肉は脂身が多ければとり除き、食べやすい大きさに切る。キャベツはせん切りにし、にんにくはみじん切りにする。
3. フライパンにオリーブ油を熱し、にんにく、豚肉を入れていため、豚肉に火が通ったら、**1**、ゆで大豆を加えていためる。
4. 器にキャベツを盛り、さました**3**、カテージチーズをのせる。

〔飼い主さんは……〕
豚肉のソテーを作るときに、愛犬に作ってあげてはどうでしょうか。

ハツポテト

噛み応えのあるハツは、犬の噛みたい欲求を満たしてくれます。
手に入りやすいレバーでも代用できます。

材料　1日分（10kgの成犬の場合）
牛薄切り肉　100g
ハツ（心臓肉）　50g
にんじん　40g
ピーマン・じゃが芋　各1個
おろし大根　50g
粉末こんぶ　10g
オリーブ油かごま油　小さじ1

1. じゃが芋は皮をむく。なべにじゃが芋とハツを入れ、
たっぷりの水を加えて火にかけ、火が通るまでゆで、ざるにとる。
2. じゃが芋はフォークなどであらくつぶし、
ハツは食べやすい大きさに切る。
3. 牛肉は小さく切る。にんじん、ピーマンはみじん切りにする。
4. フライパンにオリーブ油を熱し、牛肉を入れていため、
色が変わったらにんじん、ピーマンを加えて火が通るまでいためる。
5. ボールに**2**、**4**、おろし大根、粉末こんぶを入れて混ぜ合わせ、
器に盛る。

〔飼い主さんは……〕
新鮮なハツが手に入ったら、愛犬に作ってあげてください。

あんかけ豆腐ハンバーグ

豆腐は犬の隠れた大好物。そのままでも大喜びで食べます。
ここでは豚肉と合わせたヘルシーハンバーグにしました。

材料　1日分（10kgの成犬の場合）
A
- 豚ひき肉　150g
- もめん豆腐　100g
- とき卵　½個分
- 粉末干ししいたけ　15g
- おろししょうが　½かけ分

サラダ油　大さじ2／白菜・ミックスベジタブル　各50g
鶏がらスープ　1½カップ／酒　大さじ1
かたくり粉　大さじ1

1. 白菜は一口大のそぎ切りにする。
2. ボールにAを入れて手でよく練り混ぜ、2〜3等分にして
円形に整える。
3. フライパンにサラダ油大さじ1を熱し、**2**を入れて
両面をこんがりと焼いて中まで火を通し、とり出す。
4. 同じフライパンに残りのサラダ油を加えて熱し、
1をさっといため、鶏がらスープと酒を加えて煮立てる。
5. ミックスベジタブルを加えて野菜がやわらかくなるまで煮、
倍量の水でといたかたくり粉を加えてとろみをつける。
6. 器にさました**5**を盛り、**3**をのせる。

〔飼い主さんは……〕
作り方5でとり分けて、塩などで調味します。

手作り食が作れないときは……
ドッグフードにトッピング

時間がない、疲れた……。そんなときは、無理して手作り食を作る必要はありません。犬は飼い主さんの様子を敏感に感じとります。飼い主さんのストレスが犬の体調に影響することも多いのです。ドッグフードに以下のようなひと工夫をすることは、手軽に水分補給と排泄を促すことのできる方法ですので、ぜひ日々の生活にとり入れてみてください。

ドッグフードにお湯をかける

いちばんかんたんな方法です。ドライタイプのドッグフードにかぶるくらいの湯を注ぎ、さめてから食べさせます。汁かけごはんのドッグフード版と思ってください。たったこれだけのことですが、摂取水分量を十分とることができます。だしや肉や魚の煮汁をかけると、とても喜びます。

野菜をトッピング

野菜を適当な大きさに刻んでトッピングします。野菜はねぎなど食べさせてはいけないものでなければなんでもけっこうです。生でもゆでたものでもOKです。1種類〜数種類のせてあげてください。わかめなど海藻類でもよいです。

飼い主さんのおかずをトッピング

飼い主さんのおかずを少しとり分けて、トッピングします。できれば野菜を主体にしたおかずにします。調味した料理でも野菜や水分を十分とっていれば、余分な塩分（ナトリウム）はおしっことして排泄されるので心配いりません。納豆や豆腐のトッピングもよいでしょう。

Recipe 2

疾病別
手作り食レシピ

人間がそうであるように、犬の病気にも食事療法はかなり有効な選択肢です。疾病の解説と、症状改善に役立つ食材、疾病改善レシピを紹介します。ただし、飼い主さんの自己判断で病気治療を行なうのは危険です。必ず食事療法に精通した獣医師と相談のうえ、このレシピを参考にしてください。

肝臓病

低たんぱく質、低脂肪にして肝臓を休ませます。

肝臓は解毒臓器で食事に含まれる有害物質や、体内の老廃物などを体に負担の少ない物質に変えてくれています。加工度の高い食事には、体に負担の大きいものもありますし、食事をすることは、少なからず肝臓に負荷がかかることです。
肝臓が正常に機能しなくなると消化不良が起こり、食欲が減退して元気がなくなります。
肝臓にトラブルが生じた場合、いちばんよいのは２～３日なにも食べないで肝臓を休ませることです。「なにも食べさせないのはかわいそう、どうしてもなにか食べさせたい」と飼い主さんが思う場合は、肝機能をサポートする食材を使って少量あげることです。マリアアザミ、レッドクローバー、ウコン、セイヨウタンポポの根などのハーブとの併用も有益です。

※はと麦入り胚芽米ごはんの炊き方

1. はと麦1合は洗い、ざるにあげて水けをきり、20分以上おく。
2. はと麦と胚芽米2合（洗わなくてよい）を炊飯器に入れ、3合の目盛りまで水を加えて、普通に炊く。
・発芽玄米で作る場合は、洗ってざるにあげて水けをきり、20分以上おいてから炊きます。
・炊きやすい分量なので、1回分ずつラップに包んで冷凍しておくと便利です。

積極的に摂取したい食材

[穀類]　胚芽米、はと麦、きび、あわ
◉治癒力を高めるビタミン類を多く含む食材です。

[動物性食品]　卵、鶏・豚のレバー、シジミ、イワシ、タラ
（肉・魚の量は風味づけ程度にし、最小限に控える）
◉良質のたんぱく質を含む造血作用の高い食材、同物同治（弱った臓器を強くするには、同じ臓器がよいという中医学の考え）の食材です。

[植物性食品]　大豆、納豆、豆腐、なす、トマト、ごぼう、大根、にんじん、じゃが芋、かぼちゃ、さやえんどう、きのこ、すりごま、しょうが
◉各種ビタミンを含む緑黄色野菜、利尿作用、解毒作用、抗炎症作用のある食材です。

豆腐と納豆のおじや

低脂肪で消化のよい豆腐と納豆をたんぱく質源にします。
シジミのエキスは肝臓の機能を強める働きがあります。

材料　1日分（10kgの成犬の場合）
はと麦入り胚芽米ごはん（50ページ参照）　100g
豆腐　100g
納豆　1パック
トマト　小1個
にんじん・ブロッコリー　各50g
シジミ　殻つきで200g
酒　適量
ごま油　少量

1. シジミは殻をよく洗ってなべに入れ、酒をふりかけ、
ふたをして中火にかける。殻が開いたら火を消し、
貝の身をとり出す。蒸し汁はとっておく。
2. ブロッコリーは小房に分け、ゆでる。
トマトは乱切りにし、にんじんは1cm角に切る。
3. なべにごま油を熱し、ブロッコリー、にんじんを入れていため、
シジミの蒸し汁、豆腐を加えていため混ぜる。
4. ごはんを加えて少ししっとりするまでいためる。
火を消し、トマト、シジミを加えて混ぜる。
5. さまして器に盛り、納豆をのせる。

レバービーンズ

肝臓によい食材をまんべんなくとり入れました。
豆は大豆や黒豆など使いやすいものでけっこうです。

材料　1日分（10kgの成犬の場合）
鶏レバー（よごれを除く）　50g
じゃが芋　100g
ゆであずき（水煮、無糖）※　100g
にんじん　50g
トマト　小1個
植物油かオリーブ油　小さじ½
水　適量
※ゆであずきの代わりにゆで大豆かゆでた黒豆でもよいです。

1. レバー、じゃが芋、トマトは食べやすい大きさに乱切りにし、
にんじんは厚めのいちょう切りにする。
にんじんとじゃが芋はゆで、ざるにあげる。
2. なべに油を熱し、レバーを入れてさっといため、
じゃが芋、にんじん、トマト、あずきを加え混ぜ、
かぶるくらいの水を加える。
3. 野菜と豆がやわらかくなるまで煮る。さまして器に盛る。

腎臓病

血液浄化と老廃物の排泄を目指します。

腎臓は血液のフィルターの役割を果たしている臓器ですが、腎臓病の多くは動脈硬化などによるフィルターの目づまりが原因のことが多いです。一般的には腎機能の3/4が失われて初めて血液検査で異常が発見されるため、発見がむずかしいといわれています。
手作り食では、血液浄化と腎臓のフィルターの目づまり改善を目指します。大豆たんぱく質は犬の腎機能をサポートするという研究報告があります。
腎臓の障害理由により、たんぱく質の摂取量制限が必要な場合があります（すべてではありません）。慢性腎不全の場合のたんぱく質源としては卵、豆腐、鶏肉がおすすめです。重要な機能をつかさどる臓器なので症状が重い場合は、必ず食事指導に精通した獣医師に相談してください。

積極的に摂取したい食材

[穀類] はと麦
◉利尿作用の高い食材です。

[動物性食品] 卵、鶏肉、イワシ、サバ
◉良質なたんぱく質を含む食材です。使用量は最小限にとどめます。

[植物性食品] 大豆、あずき、豆腐、豆乳、ごぼう、大根、にんじん、れんこん、トマト、きゅうり、小松菜、じゃが芋、こんぶ、わかめ、ひじき、すいか、梨
◉利尿作用、血液浄化作用の高い食材、ビタミン、ミネラルを多く含む食材です。

豆乳おじや

腎機能を補強しつつ、老廃物の排泄を促すレシピです。積極的に摂取したい食材（52ページ参照）の野菜を適宜加えてもよいでしょう。

材料　1日分（10kgの成犬の場合）
はと麦入りごはん（50ページ参照）150g
豆乳　2〜3カップ
鶏肉（好みの部位）50g
ゆであずき（水煮、無糖）50g
粉末こんぶ　10g

1. なべに豆乳を入れて軽く煮立ったら、
食べやすい大きさに切った鶏肉を加えて火が通るまで煮る。
2. 粉末こんぶとあずきを加えてひと煮し、
はと麦入りごはんを加えて5分煮る。
3. さまして器に盛る。

サバわかめごはん

緑黄色野菜に多く含まれる抗酸化ビタミンは、血液さらさらの効果があります。海藻類は血液をアルカリ性にする働きがあり、血液の浄化に役立ちます。

材料　1日分（10kgの成犬の場合）
はと麦入りごはん（50ページ参照）150g
サバ　50g
小松菜　30g
ごぼう　20g
わかめ　もどして20g
納豆　1パック

1. サバは魚焼き器などで焼き、ほぐして骨を除く。
2. ごぼうは小さくて薄いささがきにする。
ごぼう、小松菜はそれぞれゆで、湯をきって水にさらし、
水けを絞る。小松菜はみじん切りにする。
3. わかめはみじん切りにする。
4. 器にはと麦入りごはんを盛り、**1**、**2**、**3**を加えてよく混ぜ、
納豆をのせる。

消化器系疾患

ストレスの除去と消化吸収のよい食事がポイント。

性格がデリケートな子、体調の浮き沈みの激しい子は、消化器があまり丈夫ではないケースが多いようです。病気の治療は物質的な原因（なにを食べるか）と、精神的な原因（ストレス）の両方を考慮すべきですが、消化器系の疾患の場合は特に人間同様、目に見えないストレスを極力排除することも重要です。
食材の品質を吟味して消化しやすいように細かくし、まずは消化器が理想的に働くことを目標にしてください。最終的には、なんでも食べられる子にしてあげたいものです。
それと、消化器には問題はないけれど、身体の他の部位の不調の影響を受けて、二次的に消化器に問題が生じている場合があります。この場合は、食べ物では解決できないので、信頼できる獣医師に根本原因を探ってもらってください。

積極的に摂取したい食材

[穀類]　やわらかく炊いたごはん、はと麦、オートミール、うどん
◉消化しやすいエネルギー源です。

[動物性食品]　卵、赤身の肉、白身魚
◉胃腸を温め、脂肪分が少なくて良質なたんぱく質を含む食材です。

[植物性食品]　納豆、大豆、白菜、キャベツ、じゃが芋、かぼちゃ、ブロッコリー、トマト、にんじん、ごぼう、山芋、しょうが、よもぎ、本くず粉
◉胃腸を温め、消化吸収を助け、便通をよくする食材、抗炎症作用のある食材です。

あんかけうどん

消化をよくするため、野菜は小さめに切って
やわらかくなるまでよく煮ます。胃腸を保護し、
整える働きのある本くず粉でとろみをつけます。

材料　1日分（10kgの成犬の場合）
ゆでうどん　1玉
豚こま切れ肉　100g
にんじん・白菜・キャベツ　各50g
さやえんどう　30g
オリーブ油か植物油　小さじ1
水かだし　適量
本くず粉　大さじ1

1. 豚肉、キャベツ、にんじん、白菜、さやえんどうは
5mm〜1cmに切る。
2. フライパンに油を熱し、豚肉を入れて色が変わるまでいため、
にんじん、白菜、キャベツ、さやえんどうの順に加えていため、
水かだしをひたひたに注いで、野菜がやわらかくなるまで煮る。
3. 倍量の水でといた本くず粉を加えてとろみをつける。
4. 器に3〜4cm長さに切ったうどんを盛り、さました**3**をかける。

山芋かけごはん

山芋は加熱すると消化酵素が弱まるので、生で使います。
アジは骨をよくとり除くようにしましょう。

材料　1日分（10kgの成犬の場合）
はと麦入りごはん（50ページ参照）　150g
［山芋　60g
　だし　1カップ］
アジ　50g
納豆　1パック
わかめ　もどして10g
青のり粉　少量

1. 山芋は皮をむいてすりおろし、だしを少量ずつ加えてのばす。
2. アジは魚焼き器などで焼き、身をほぐし、骨を除く。
3. わかめは包丁で細かく刻む。
4. 器にごはんを盛り、**1**をかけ、**2**、**3**、納豆をのせ、
青のり粉をふる。

下痢

食物繊維と発酵食品で腸内環境を整えます。

下痢は、腸が「この内容物がこれ以上長期間腸内に存在するのは体に負担がかかるから、さっさと排泄しよう！」と判断することで生じる現象といえます。ですから、下痢を止めることは本来ならば避けたほうがよいことです。ただ、下痢がひどいと脱水症状になる可能性があるので、ドライフードのような乾燥した食事よりは、水分の多い手作り食が適切です。
うんちを固形にするのは食物繊維の働きで、犬にも野菜は有益です。また、下痢をしたあとは腸内環境を整える絶好の機会なので、食物繊維を多く含む食材とヨーグルトなど乳酸菌を含む発酵食品を摂取することもおすすめです。

積極的に摂取したい食材

[穀類]　やわらかく炊いた玄米か発芽玄米
◉体を温め、ビタミン、ミネラルを豊富に含む食材です。

[動物性食品]　ヨーグルト、卵、白身魚、ささ身
◉低脂肪で消化のよい食材です。

[植物性食品]　本くず粉、納豆、キャベツ、にんじん、さつま芋、山芋、トマト、かぼちゃ、よもぎ、りんご
◉胃腸にやさしい食材です。できるだけ細かく刻んで食べさせます。

食物繊維たっぷりスープ

食物繊維の多い食材は、できるだけ細かく刻むか
すりおろして消化しやすくします。
胃腸を保護するため、本くず粉を多めに使っています。

材料　1日分（10kgの成犬の場合）
豚こま切れ肉　80g
さつま芋（皮つき）・大根　各50g
にんじん　30g
納豆　1パック
海藻（わかめ、ひじきなど好みのもの）　もどして20g
きのこ（生しいたけ、しめじなど好みのもの）　20g
本くず粉　大さじ2

1. 豚肉、さつま芋、大根、にんじんは1cmに切る。
2. 海藻ときのこはみじん切りにする。
3. なべに1ときのこを入れ、かぶるくらいの水（分量外）を加えて野菜がやわらかくなるまで煮、倍量の水でといたくず粉を加えてとろみをつけ、納豆を加える。
4. 器にさました3を盛り、海藻をのせる。

にんじんトマト

ヨーグルトに含まれる乳酸菌は、腸内環境を整えるのに
役立ちます。しょうがは殺菌、解毒作用があるので、
下痢のときには食べさせたい食材です。

材料　1回分（10kgの成犬の場合）
にんじん　50g
トマト　1個
りんご　¼個
ヨーグルト　適量
おろししょうが（あれば）　少量

すりおろしたにんじんとりんご、細かく刻んだトマト、
ヨーグルトを混ぜ合わせる。
あればおろししょうがを加える。

便秘

水分と食物繊維の不足、ストレスなど原因は様々。

便秘の原因は様々ですが、水分と食物繊維の摂取不足、ストレスのいずれか、もしくは複合であることが多いようです。これらの理由から、乾燥度の高い食事はおすすめできません。水分を十分に含んだ食事に切り替えることで、改善するケースはよく見られます。
うんちの通りが悪くなった状態を放置すると、様々なトラブルにつながりかねないので、早いうちに対応することをおすすめします。あまりにもカチコチにうんちがかたまっているならば、浣腸などで人為的に一度うんちを出してから、その後、再発を防ぐために便秘対策にとり組むことが正常化への近道という場合もあります。
便秘の原因は様々ですので必要に応じて食事療法に精通した獣医師と相談のうえ、食事療法を進めてください。

積極的に摂取したい食材

[穀類]　玄米か発芽玄米、米ぬか
●米ぬかに含まれる食物繊維と脂質が、腸のぜん動運動を活発にします。

[動物性食品]　ヨーグルト、生クリーム
● 発酵食品は腸内環境を整える食材です。脂質の多い食品は便のすべりをよくします。

[植物性食品]　あずき、大豆、かぼちゃ、さつま芋、大根、キャベツ、ブロッコリー、白菜、きのこ、ごぼう、海藻、ごま、りんご、バナナ、オリーブ油、ごま油
●腸内の掃除の働きをする食物繊維の多い食材、便のすべりをよくする油類です。

野菜たっぷりあんかけごはん

たっぷりの食物繊維と水分が補給できるごはんです。
しいたけやこんぶで風味づけすると、香りに誘われて
とてもよく食べます。

材料　1日分（10kgの成犬の場合）
ごはん（白米、胚芽米、発芽玄米、玄米など好みで）　100g
鶏肉（好みの部位）　100g
大根・白菜　各50g
ごぼう　30g
ひじき　もどして20g
A［粉末しいたけ　25g
　 粉末こんぶ　10g
本くず粉　大さじ1

1. 鶏肉、大根、ごぼうは小さめの乱切りにし、
ごぼうは水にさらす。白菜はざく切りにする。
2. ひじきはみじん切りにする。
3. なべに1、2、Aを入れ、かぶるくらいの水（分量外）を加えて
野菜がやわらかくなるまで煮、倍量の水でといたくず粉を
加えてとろみをつける。
4. 器にごはんを盛り、さました3をかける。

かぼちゃ芋

手軽に食物繊維、ビタミンの補給ができる1品です。
仕上げに小さじ1程度のオリーブ油かごま油を
かけてもよいです。

材料　1日分（10kgの成犬の場合）
鶏肉（好みの部位）・さつま芋（皮つき）　各150g
かぼちゃ　100g

1. 鶏肉、さつま芋、かぼちゃはそれぞれ電子レンジか
蒸し器で加熱し、火を通す。
2. すべて食べやすい大きさの乱切りにし、混ぜ合わせる。

アレルギー疾患

体内の老廃物が、正常な経路で排泄されるようにします。

一般的にアレルギー（免疫異常）と診断された場合、アレルゲン検査陽性の食材を排除したのに、症状がなにも変わらないということが多くあります。このような場合は、白血球の攻撃がコントロールできなくなった場合と、異物量（微生物など）が多すぎてつねに闘っている状態などが考えられます。後者の場合は、食事では解決せず、原因を減らすことで問題が解決します。前者の場合も、なんらかの影響でコントロール系が正常に機能していないだけで、その調整をすれば解決することがあります。
いずれにしても「なぜこの反応が出ているのか？」の根本原因を探ることが最重要課題です。
原因がとり除ければ、アレルゲン検査で陽性の食材を食べさせても問題なく食べられるようになります。
また、消化器系に問題を起こしており、皮膚などに症状が出ている場合もあるので、本質的に原因を探って解決することが重要です。
「体質だから……」であきらめるのはもったいないことです。

積極的に摂取したい食材

[穀類]　はと麦
◉解毒作用、利尿作用のある食材です。

[動物性食品]　症状が悪化しない肉・魚
◉肉、魚はたんぱく質源として必要です。まずは症状が悪化しない肉・魚を選びます。

[植物性食品] 大豆、黒豆、納豆、豆腐、トマト、ごぼう、小松菜、にんじん、かぼちゃ、大根、白菜、じゃが芋、しょうが、本くず粉
◉解毒作用、抗炎症作用、利尿作用の高い食材です。

緑黄色野菜入りスープかけごはん

犬が好む甘味のある緑黄色野菜をたっぷり使います。
スープかけごはんにして水分も十分にとれるようにします。

材料　1日分（10kgの成犬の場合）
はと麦入りごはん（50ページ参照）　100g
カジキマグロ（肉か魚で症状が悪化しないもの）　50g
かぼちゃ・にんじん　各50g
ブロッコリー　30g
納豆　1パック
粉末こんぶ　10g
おろししょうが　少量

1. カジキ、かぼちゃ、にんじんは小さめの乱切りにする。
ブロッコリーは小房に分け、ゆでる。
2. なべに粉末こんぶ、かぼちゃ、にんじん、かぶるくらいの水（分量外）を入れ、野菜がやわらかくなるまで煮る。
3. カジキ、ブロッコリーを加えて5分ほど煮る。
4. 器にはと麦入りごはんを盛り、納豆を加えて混ぜ合わせ、さました**3**をかけ、おろししょうがをのせる。

おろし野菜あえ

大根は消化を助ける働きがあるうえ、
水分をたっぷり含んだ野菜です。にんじんの甘味、
こんぶのうま味と香りで食欲増進です。

材料　1日分（10kgの成犬の場合）
じゃが芋　100g
タラ（肉か魚で症状が悪化しないもの）　50g
にんじん・大根　各50g
粉末こんぶ　10g
植物油　小さじ½

1. じゃが芋は皮をむき、やわらかくなるまでゆでて湯をきる。
ボールにじゃが芋を入れ、フォークなどでつぶす。
2. フライパンに油を熱し、一口大に切り、骨を除いたタラを入れていためる。
3. にんじん、大根はすりおろし、**1**、**2**、粉末こんぶと混ぜ合わせる。

がん

血行促進、抵抗力維持が食事療法の基本です。

従来、「がんは免疫力が低下したからなる病気」と思われてきましたが、じつは「闘う力は正常だが、邪魔をされているために実力を十分に発揮できていない」ことがあるとわかってきました。そのことがノーベル賞を受賞した本庶佑博士(京都大学特別教授)の研究成果で示されています。

単に「白血球を活性化しさえすれば、がんを克服できるわけではない」ことが示されたのです。細胞の培養実験で、ある成分がどんなに白血球が活性化することを証明しても、それが実際に身体で同様に機能するわけではないことがわかりました。そのため、根本的な治療は「現在、体内でどのような事情でがん細胞が増えているのか？」を個々で探りながら（個体差がある）進めていく必要があるのです。

とはいえ、その治療を進めるにあたって、体調維持は重要です。様々な食材を活用しつつ、白血球が闘いやすい状態を維持していく必要があります。

積極的に摂取したい食材

[穀類]　玄米か発芽玄米、胚芽米、はと麦、オートミール
◉ビタミン、ミネラルを多く含み、利尿作用の高い食材です。

[動物性食品]　サバ、イワシ
◉肉、魚は風味づけ程度にし、最小限に控えることがポイントです。

[植物性食品]　豆腐、大豆、あずき、かぼちゃ、大根、キャベツ、ブロッコリー、白菜、ごぼう、ピーマン、さつま芋、海藻、きのこ、ごま、しょうが
◉免疫力強化、抗炎症、血液浄化作用の高い食材です。
　アブラナ科の野菜は抗がん作用があるという実験報告があります。

免疫力強化スープごはん

免疫力を高める作用のあるきのこは、好みのものを
数種類組み合わせてください。
海藻もわかめの代わりにひじきを使ってもけっこうです。

材料　1日分（10kgの成犬の場合）
はと麦入り発芽玄米ごはん（50ページ参照）　130g
ゆで大豆・大根　各50g
鶏肉（好みの部位）　50g
にんじん　40g
まいたけ・しめじ・生しいたけ　各20g
わかめ　もどして10g
粉末こんぶ　10g

1. 大根、にんじん、鶏肉は食べやすい大きさの乱切りにする。
2. わかめ、きのこ類はすべてみじん切りにする。
3. なべに1、2、ゆで大豆、粉末こんぶ、
ひたひたの水（分量外）を入れ、野菜がやわらかくなるまで煮る。
4. 器にはと麦入り発芽玄米ごはんを盛り、
さました3をかける。

中国風さつま芋のあんかけ

ごはんの代わりにさつま芋をたっぷりと使います。
さつま芋のほんのりとした甘味を犬は好みます。

材料　1日分（10kgの成犬の場合）
さつま芋（皮つき）　150g
にんじん・白菜・豚こま切れ肉　各50g
しめじ・まいたけ　各40g
わかめ　もどして20g
A［粉末煮干し　20g
　 粉末こんぶ　10g
納豆　1パック
本くず粉　大さじ1／ごま油　小さじ1

1. さつま芋は食べやすい厚さのいちょう切りにし、
電子レンジ（500W）で約2分やわらかくなるまで加熱する。
2. にんじんは短冊切り、白菜はそぎ切り、
豚肉は一口大に切る。きのこ類とわかめはみじん切りにする。
3. なべにごま油を熱し、豚肉を入れていため、にんじん、
白菜を加えていためる。
4. 水（分量外）をひたひたに加え、きのこ類、納豆、わかめ、
Aを加えて野菜がやわらかくなるまで煮る。
5. 倍量の水でといたくず粉を加えてとろみをつける。
6. 器に1を盛り、さました5をかける。

心臓病

血液の流れをよくして、心臓への負担を減らします。

異常を起こした心臓の形態を食事治療で変えるのはむずかしいと思いますが、血液の状態を正常化することで血液の流れをよくし、少しでも心臓に負担をかけないようにすることが、最初の目標といえるでしょう。
血液の正常化には、十分な水分と野菜が有益です。野菜に含まれる豊富な食物繊維は血液中のコレステロールや中性脂肪などを吸着して排出し、カリウムは余分なナトリウム（塩分）を排出し、血流を改善する効果が期待できます。
肥満も心臓に負担をかけることになるので、適正体重を維持できるように飼い主さんは注意してください。
なお、口内ケアは悪化防止に必須ですので、しつけ直してでもとり組まれてください(口内ケアは90ページ参照)。

積極的に摂取したい食材

[穀類]　玄米、発芽玄米、胚芽米、白米、オートミール
◉エネルギー源となって自然治癒力の働きを助けます。
食物繊維の多いものを選ぶようにします。

[動物性食品]　鶏肉、アジ、サバ、カレイ、イワシ
◉肥満を防ぐため、低脂肪で良質なたんぱく質の食材にします。

[植物性食品]　大豆、納豆、豆腐、あずき、大根、にんじん、ごぼう、じゃが芋、ほうれん草、小松菜、かぼちゃ、さつま芋
◉血液の浄化作用、利尿作用のある食材、血管壁を強くするビタミンC、E、β-カロテンを含む食材です。

ほうれん草じゃこチャーハン

ちりめんじゃこは犬の好物。
野菜と水分が十分であれば余分な塩分は排泄できるので、
じゃこは塩抜きする必要はありません。

材料　1日分（10kgの成犬の場合）
ごはん（白米、胚芽米、発芽玄米、玄米など好みで）　100g
ほうれん草　100g
にんじん　40g
卵　1個
納豆　1パック
ちりめんじゃこ　10g
オリーブ油か植物油　小さじ1

1. ほうれん草はゆでて水にさらし、細かく刻んで水けを絞る。
にんじんはみじん切りにする。
2. フライパンに油を熱し、割りほぐした卵を流し入れて
いため、とり出す。
3. 同じフライパンににんじんを入れていため、ごはんを加えて
ほぐし混ぜ、ほうれん草、納豆、じゃこを加えていためる。
4. **2**を加えてさっと混ぜる。さまして器に盛る。

鶏汁ごはん

油は便のすべりや毛づやをよくするのに必要です。
カロリーコントロール中でも、適量の油を摂るように
しましょう。

材料　1日分（10kgの成犬の場合）
ごはん（白米、胚芽米、発芽玄米、玄米など好みで）　100g
鶏肉（好みの部位）　100g
にんじん・大根・さつま芋（皮つき）　各30g
こんにゃく　20g
ごぼう　10g
粉末こんぶ　10g
オリーブ油かごま油　小さじ1

1. 鶏肉は一口大に切る。
野菜、こんにゃく、さつま芋は小さめの乱切りにする。
2. なべに油を熱し、鶏肉を入れていため、
肉の色が変わったら残りの**1**、粉末こんぶを加えて
ひといためし、かぶるくらいの水（分量外）を注ぎ入れ、
野菜がやわらかくなるまで煮る。
3. 器にごはんを盛り、さました**2**をかける。

糖尿病

肥満解消と血糖値の急上昇を防ぎます。

主な原因は肥満、栄養過剰な食事が続くこと、遺伝などがあります。糖尿病で怖いのは合併症です。糖尿病の症状が軽ければ食事で血糖値の安定化を図ります。食事療法と運動が糖尿病治療の基本です。
糖尿病はすい臓のインスリン分泌量が少なくなったり、働きが悪くなったりすることで血液中のブドウ糖濃度が上昇し、体に様々な障害が起きる病気です。症状は多飲多尿、過食、体重減少、尿中に糖が出るなどがありますが、初期症状はわかりにくく、病気が進行してから初めてわかるのが糖尿病です。肥満犬は極力適正体重を維持させるように飼い主さんがコントロールすることが重要です。
糖尿病の食事療法に関して重要なことはたった２つ。
① 必要最小限の食事量を食べ、太りすぎないこと
② 食材は偏りなく摂取すること
糖尿病の犬に絶対だめという食品はありません。適切な量の運動をすることも忘れずに。ただし、実施の際には獣医師と十分相談して行なってください。

積極的に摂取したい食材

[穀類]　オートミール
◉食物繊維の多い食材が、血糖値の急上昇を抑えます。

[動物性食品]　鶏肉、白身魚
◉カロリーコントロールがしやすい低脂肪、良質なたんぱく質を含む食材です。

[植物性食品]　大豆、豆腐、納豆、あずき、かぼちゃ、きゅうり、ごぼう、セロリ、山芋、きのこ、わかめ、こんぶ、こんにゃく
◉ビタミン、ミネラルが豊富な食材、利尿作用が高く、すい臓の働きを助ける食材です。

豆腐きのこ

低カロリーの食材を使って、カロリーは控えめなのに
満腹感のある1品です。こんぶに含まれる水溶性食物繊維は、
血糖値の急上昇を防ぎます。

材料　1日分（10kgの成犬の場合）
もめん豆腐　100g
鶏肉（脂肪の少ない好みの部位）　100g
にんじん・ブロッコリー　各40g
きのこ類（生しいたけ、しめじ、えのきたけなど）※　50g
粉末こんぶ　10g
しょうが　少量
本くず粉　大さじ1
※きのこは用意しやすいものを1種類〜数種類使います。

1. 豆腐は半分に切る。鶏肉は食べやすい大きさに切る。
2. にんじんとしょうがはせん切りにする。
きのこは石づきを切り除き、みじん切りにする。
ブロッコリーは小房に分け、ゆでる。
3. なべににんじん、しょうが、きのこ、鶏肉、粉末こんぶを入れ、
かぶるくらいの水（分量外）を加えて煮る。
にんじんがやわらかくなったらブロッコリーを加えて5分煮、
倍量の水でといたくず粉を加えてとろみをつける。
4. 器に豆腐を盛り、さました3をかける。

あずきかぼちゃ

かぼちゃに含まれるビタミンは血行を促進し、
あずきが利尿作用を促します。食物繊維も豊富で、
糖尿病のワンちゃんにいち押しのメニューです。

材料　1日分（10kgの成犬の場合）
ゆであずき（水煮、無糖）　400g
かぼちゃ　300g

1. かぼちゃは一口大に切り、ラップに包んで電子レンジ（500W）で6〜7分やわらかくなるまで加熱する。
2. 器にさました1を盛り、ゆであずきをかける。

コラム｜2

季節の変わりめは、体調変化に注意

丈夫なワンちゃんは問題ないのですが、中には季節の変わりめに体調をくずす子がいます。動物病院で血液検査等の西洋医学的な検査をしても問題が見つからず、様子を見ましょうという結論になることも珍しくありません。
季節の変わりめの体調不良の原因として、環境の変化に伴うストレスなどによって自律神経系のバランスがくずれることが考えられます。

交感神経と副交感神経

自律神経系は、昼間や活動時に優位になる「交感神経」と、夜間やリラックスしているときに優位になる「副交感神経」の２種類があります。この２つがバランスをとって働くことで、体温の調整、呼吸、血液循環、代謝などがスムーズに行なわれています。しかし、温度、湿度、気圧などの変化が大きくなると、そのバランスを頻繁に調整しなければならないため、２つの神経のバランスがくずれてしまうことがあります。
丈夫な子は問題なくのりきれるのですが、なんらかの理由で体の調整が十分にできない状態にある子は不調になることがあります。これだけでなく、黄砂やPM2.5の影響を受けている子もいるでしょうし、飼い主さんの体調と連動することもあるようです。

体を温めるなどのケアを

「生物は鍛えれば強くなる」という側面もありますが、鍛えて強くなる子もいれば、鍛えたら倒れる子がいるのも事実です。自律神経のバランスを整えやすくするには、おもに副交感神経の働きを正常に維持することがカギとなります。そのためには、体を温めて血流を改善することが重要です。愛犬のために十分な食事、運動、肉体の休養、精神のリラックス、良質な睡眠がとれるように意識してあげてください。

Recipe 3

老犬のための
元気レシピ

健康に過ごしてきたワンちゃんでも、個体差はありますが、年齢相応の老化が始まります。大切な愛犬に元気に長生きしてもらうためには、適量の良質なたんぱく質を中心に、ビタミン、ミネラル、食物繊維などをバランスよく摂ることが大切です。
老犬におすすめのたんぱく源である、肉、魚介の食材の解説と、それらを使ったアンチエイジングを考慮したレシピを紹介します。

元気アップ食材

豚ひき肉

豊富なビタミンB_1で、夏バテ防止や疲労回復に

豚肉はたんぱく質が豊富なうえ、夏バテ防止や疲労回復効果が期待できるビタミンB_1も多い食材です。水溶性ビタミンなので、ビタミンがとけ出たスープをおじやにして残さず摂取します。ひき肉はできるだけ赤身の多いもも肉などがおすすめです。

レシピアドバイス

◉ かぼちゃに含まれるビタミンEは、抗酸化作用が強く、アンチエイジング効果が期待できます。油脂と一緒に摂ると効率よく吸収されるので、脂肪を含んだ豚肉とは効果的な組み合わせです。

◉ わかめに含まれるアルギン酸や食物繊維には、動脈硬化を予防したりコレステロールを吸収しにくくする効果が期待できます。ふだんから脂肪の摂りすぎを気にしている場合は、わかめを多めに入れてください。

豚ひき肉のおじや

油脂を使わないレシピで脂肪が控えめなので、動脈硬化が気になるワンちゃんにも。かぼちゃのビタミンEは、抗酸化作用の強いビタミンで、血管の老化予防効果が期待できます。

材料　1日分（10kgの老犬の場合）
豚ひき肉　100g
かぼちゃ　100g
わかめ　もどして20g
ごはん（白米、胚芽米、発芽玄米、玄米など好みで）　100g
水　2½カップ

1. かぼちゃはわた、種を除いて1.5cm角に切る。
わかめは大きければ刻む。
2. なべにひき肉と分量の水を入れて菜ばしでほぐし、中火にかけてひき肉に火が通るまで煮る。火を止めて下にボールを置いたざるにひき肉をあげる（煮汁の脂肪分が気になる場合は、ペーパータオルを敷いたざるで濾して脂肪を除く）。
3. なべに**2**の汁とひき肉を戻し入れ、かぼちゃを加えて中火にかけ、かぼちゃがやわらかくなるまで煮て、ごはんとわかめを加える。

元気アップ食材

鶏手羽肉

コラーゲンが健康な皮膚と毛並み作りに役立つ

鶏肉は良質なたんぱく質とビタミンAが豊富で、体内で生成することのできない必須アミノ酸が揃っています。特に手羽肉はコラーゲンが豊富で、つややかな皮膚と毛並みを作ったり、細胞の活性を促すのに役立ちます。ビタミンAは眼精疲労の軽減効果、抗酸化作用があります。

レシピアドバイス

- ◉ アボカドはたんぱく質、ビタミンA、B群、C、Eなどを多く含み、皮膚を丈夫に保つ作用があります。
- ◉ ごまに含まれるセサミンという機能成分には、コレステロール値の降下作用や抗酸化作用による老化予防効果などがあります。骨を丈夫にするカルシウムも含まれています。
- ◉ ヨーグルトは腸内のビフィズス菌を増やし、腸内環境を整える効果が期待できます。

手羽元とアボカドのごまだれ

細胞を活性化し、腸内環境を整えることで、老化防止、がん予防を目指します。犬の大好物の鶏皮、ごまの香りと、ヨーグルトで食欲も増進!

材料　1日分(10kgの老犬の場合)
鶏手羽元　300g
アボカド　½個
練りごま　大さじ1
ヨーグルト　½カップ

1. フライパンに手羽元を入れ、ふたをして弱火にかけて蒸し焼きにし、ときどき転がしながら全体に焼き色をつける。水½カップ(分量外)を加え、煮立ったらふたをして火を消し、そのまま10分ほどおいて火を通す。
2. アボカドは皮と種を除いてフードプロセッサーに入れ、練りごま、ヨーグルトも入れてなめらかになるまで攪拌(かくはん)する。
3. 1の骨を除いて肉をあらくほぐす。
4. 器に2を盛り、3をのせる。

元気アップ食材

牛バラ肉

体力をつけ、
抵抗力を高める効果に期待

牛肉は体内では生成できない必須アミノ酸が揃った良質なたんぱく質です。ビタミンB_2、鉄分、亜鉛も豊富に含まれており、体力をつけ、抵抗力を高める働きが期待できます。体を温める作用があるので、病気の回復期にも適しています。

レシピアドバイス

◉ にんじん・かぼちゃは、β-カロテンが豊富に含まれており、老化の原因となる活性酸素を除去し、免疫力を高めることで、感染症やがんの予防に効果があるとされています。

◉ パセリは、ビタミン、ミネラルが豊富で食欲増進、健胃、整腸、利尿作用のほか、感染症の予防・改善、貧血予防、脳の活性化、肝機能強化などの効果が期待できます。

牛バラ肉と野菜の煮込み

牛バラ肉が大好物なワンちゃんは多いもの。
にんじん、かぼちゃは甘味があるので喜んで食べます。
パセリにはビタミン、ミネラルが豊富なのでたっぷりかけましょう。

材料　1日分（10kgの老犬の場合）
牛バラ薄切り肉　150g
にんじん・かぼちゃ　各20g
だし汁　1カップ
パセリのみじん切り　小さじ1

1. 牛肉は一口大に切る。にんじんは1cm角に切る。
かぼちゃはわた、種を除いて1cm角に切る。
2. なべにだし汁、**1**を入れ、ふたをして中火にかけ、煮立ったら
アクを除き、肉がやわらかくなるまで煮る（圧力なべで煮てもよい）。
3. 器にさました**2**を盛り、パセリを散らす。

元気アップ食材

ラム肉

アンチエイジング効果、消化機能改善に

ラム肉にはビタミンE、B_1、B_2のほか、ミネラルもバランスよく含まれており、アンチエイジング効果、がん予防などが期待できます。また、冷えて虚弱した胃を温めて、消化機能を回復させる効果もあるといわれています。

レシピアドバイス

- だ液がきちんと分泌されていて、のどにはりつく心配がなければ、ごはんや芋類を加えてもかまいません。
- オクラのぬめり成分であるペクチンは、たんぱく質分解を促進する酵素を含んでおり、整腸作用、コレステロールの吸収も期待できます。オクラには、ビタミンB_1、C、カロテン、カルシウム、鉄分なども豊富です。
- 大根はたんぱく質分解酵素やビタミンCを豊富に含み、健胃作用があります。粘膜を保護し、ウイルスの侵入を抑制します。

ラム肉のみぞれあえ

ラム肉の独特の香りは、嗜好性を高めるので、
食欲が落ち気味のときにもおすすめです。大根とオクラには
胃腸粘膜を保護する働きがあり、風邪予防にも役立ちます。

材料　1日分（10kgの老犬の場合）
ラムロース薄切り肉　150g
オクラ　1本
おろし大根　½カップ

1. ラム肉は一口大に切る。なべに入れ、たっぷりの水（分量外）を加えて中火にかけ、途中、アクを除き、やわらかくなるまでゆでる（圧力なべでゆでてもよい）。ざるにあげて汁けをきる。
2. オクラはガクのまわりのかたい部分を除き、塩少々（分量外）でこすってうぶ毛を除いてゆでる。
水にとってさまし、水けをきってみじん切りにする。
3. **1**、**2**、おろし大根を混ぜ合わせる。

元気アップ食材

馬肉

高たんぱく質、
低カロリーのヘルシー食材

馬肉の特徴はたんぱく質が豊富でありながら低エネルギーであること。運動量が減って肥満気味になっている高齢犬にもおすすめです。また、カルシウムや鉄、グリコーゲンが豊富なので、後肢の虚弱や貧血、疲労回復などにも効果が期待できます。

レシピアドバイス

- ◉ 高齢になると食欲にムラが出てくることが多くなります。食べないときには、食事に香りをつけて食欲を刺激するのもよいでしょう。鼻がきかなくなってきた子には強めの香りが効果的です。
- ◉ ワンちゃんは、ごま油、にんにく、しょうがの香りが大好きです。
- ◉ 食欲不振の原因は様々です。健康状態に問題がなければ、必要以上に心配せず、体を動かすことや精神的な刺激を与えることを意識してみるのもよいでしょう。

とろ〜り馬肉汁

馬肉から出るうま味と、さつま芋、にんじん、白菜の甘味が食欲をそそります。みそはごくうす味なら塩分の摂りすぎの心配はなく、食欲アップのための風味づけに役立ちます。

材料　1日分(10kgの老犬の場合)
馬赤身薄切り肉※　160g
さつま芋　100g／にんじん　80g／白菜　60g
豆腐　40g
ごま油　適量
おろししょうが・おろしにんにく　各少々
水　2カップ
みそ　小さじ½／本くず粉　大さじ1
※馬肉が手に入らない場合は、脂肪が少ない部位の鹿肉、豚肉、鶏肉で代用してください。

1. 馬肉、さつま芋、にんじん、白菜、豆腐はすべて一口大に切る。
2. なべにごま油、しょうが、にんにくを入れて中火にかけ、香りが立ったら馬肉を加えていためる。
3. 肉の色が変わったら、さつま芋とにんじんを加えてさっといためる。分量の水、白菜、豆腐を加え、にんじんがやわらかくなるまで煮る。
4. みそをとき入れ、倍量の水でといたくず粉を加えてとろみをつける。

元気アップ食材

サケ

強力な抗酸化作用で、
がんの抑制効果にも期待

サケの身の色は、アスタキサンチンという色素成分の影響です。アスタキサンチンは強力な抗酸化作用を有することで注目されており、がんの抑制効果やアンチエイジング効果などが期待できます。

レシピアドバイス

- ◉ なめらかでやわらかい食べ物は老犬には食べやすいですが、しっかり咀嚼(そしゃく)できるうちから、やわらかいものばかり与えると、咀嚼機能が衰えやすくなります。年齢にこだわらず、その子の状態に応じて配慮するようにしましょう。
- ◉ いつまでも元気でいてもらうためには、手助けしすぎないことも大切です。

サケの茶碗蒸し

サケ、卵、豆乳からたんぱく質を、野菜からはビタミン、食物繊維をしっかり摂取できるレシピです。茶碗蒸しにすることで、老犬でも食べやすいなめらかな食感に仕上がります。

材料　1日分（10kgの老犬の場合）

サケ　2切れ
卵　2個
豆乳　1½カップ
かぼちゃ　100g
しめじ　40g
小松菜　2枚

1. サケは一口大に切り、骨を除く。
かぼちゃはわた、種を除いてみじん切りにする。
しめじ、小松菜もみじん切りにする。

2. 耐熱ボールに卵を割りほぐし、豆乳を加えて混ぜ、
1も加えて混ぜる。

3. なべに水（分量外）を3cm深さほど入れて沸騰させ、**2**を入れて
ふたをし、ふつふつと煮立つ程度の火加減で12～13分ほど蒸す。

元気アップ食材

カツオ

DHA、EPAのほか、肝機能を高める効果も

高たんぱく質で、肝機能を高める働きがあるタウリンが豊富です。DHAやEPAも多く、脳の働きをよくし、動脈硬化の予防にも役立ちます。たんぱく質、脂質、炭水化物の代謝を促進するナイアシンも多く含まれ、老犬にはぜひとり入れたい食材です。

レシピアドバイス

- ◉ カツオは刺身用やたたきなどを使うと、骨が除かれているので調理しやすくおすすめです。
- ◉ 野菜嫌いの子には、細かく切ると食べやすくなります。また、しょうがやにんにくで香りをつけると、つられて野菜も食べやすくなるようです。
- ◉ ターメリックは胃腸の働きを整え、アンチエイジング効果があるといわれています。
- ◉ クミンはお好みですが、食欲増進、消化促進作用があるといわれています。

カツオのほうれん草カレー

クミンとターメリックのスパイスで、アンチエイジングと
食欲増進効果が期待できます。
どちらも辛味のないスパイスなので、ワンちゃんにも安心です。

材料　1日分(10kgの老犬の場合)
カツオ(刺身用さく)　100g
トマト　1個／ほうれん草　60g／セロリ　40g
A［おろししょうが・おろしにんにく　各小さじ2
　 クミンシード(好みで)　ふたつまみ
粉末ターメリック　小さじ2
サラダ油　小さじ2
水　2カップ
ごはん(白米、胚芽米、発芽玄米、玄米など好みで)　200g

1. カツオは一口大に切る。トマト、ほうれん草、セロリはざく切りにする。
2. フライパンにサラダ油を中火で熱し、Aを入れていため、
香りが立ったらターメリックを加えてさっと混ぜ、セロリ、トマト、
ほうれん草を加えて全体に油がまわるまでいためる。
火を止めてあら熱をとる。
3. フードプロセッサーに**2**を入れてペースト状に攪拌する。
4. なべに**3**を入れ、カツオ、分量の水を加えて混ぜ、
カツオに火が通るまで煮る。
5. 器にごはんを盛り、**4**をかける。

元気アップ食材

タラ

胃腸にやさしく、皮膚や毛並みを健康に保つ

たんぱく質が豊富でありながら脂肪分が少ないので、消化がよく、胃腸に負担がかかりにくい食材です。ヨウ素の含有量が多いのも特徴で、豊富なたんぱく質との作用で、健康的な皮膚や毛並みを保つのに効果的です。

レシピアドバイス

- ◉ 食欲が落ちてきた老犬には、うま味を強くするとよいでしょう。このレシピは、トマトのグルタミン酸、タラのイノシン酸やグルタミン酸といううま味成分が豊富に含まれています。
- ◉ 大きな具が食べにくい場合は、食べるときに具材を細かくつぶして与えるとよいでしょう。
- ◉ ビタミンDが多い料理なので、カルシウムの吸収を高めて骨や歯を丈夫にします。ビタミンDは油といっしょに摂ると効率よく吸収されます。

タラのアクアパッツァ風

タラ、トマト、しめじのうま味成分とにんにく、オリーブ油の香りで食欲増進。サケやカツオなどでも同様に作れますが、骨を忘れずに除くようにしてください。

材料　1日分（10kgの老犬の場合）
タラの切り身　2切れ
トマト　2個
じゃが芋　2個
しめじ　10g
にんにく　2かけ
オリーブ油　小さじ2
水　2カップ

1. タラは一口大に切り、骨を除く。トマトはざく切りにし、じゃが芋は皮をむいて一口大に切る。しめじは石づきを切り除き、小房に分ける。にんにくはつぶす。

2. なべにオリーブ油、にんにくを入れて中火で熱し、香りが立ったらトマト、じゃが芋、しめじを加えてさっと混ぜ、分量の水、タラを加え、じゃが芋がやわらかくなるまで煮る。

元気アップ食材

マグロ

老犬の筋肉量の維持と老化防止に最適

高齢犬は、筋肉量を維持するために良質なたんぱく質の摂取と適度な運動が大切です。マグロはたんぱく質の含有量が多いだけでなく、脂身にはDHA、EPAも豊富なことから老化防止効果なども期待でき、高齢犬におすすめの食材といえます。

レシピアドバイス

- ◉ 老犬になると便秘がちになるケースは多いもの。予防のために、日ごろから食物繊維の摂取も意識しておきたいものです。キャベツには不溶性食物繊維が多く、納豆や山芋は水溶性食物繊維の供給源になります。
- ◉ オートミールは食物繊維、ビタミン、ミネラルが豊富です。水分を多めにして煮ることでお粥(かゆ)状になり、水分摂取にもつながります。

マグロネバトロ丼

便秘の予防・改善にぴったりなレシピです。
ごはんの代わりにオートミールを使って食物繊維量をアップさせ、
ごまと青のり粉の香りで嗜好性を高めます。

材料　1日分（10kgの老犬の場合）
マグロのたたき（生食用）　200g
納豆（ひき割りなど好みのもの）　2パック
山芋　60g
キャベツ　1枚
オートミール　40g
だし汁　1½カップ
すりごま・青のり粉　各適量

1. 山芋は皮をむいてすりおろす。キャベツはせん切りにする。
2. なべにキャベツ、オートミール、だし汁を入れて中火にかけ、オートミールがやわらかくなるまで煮る。
3. 器にさました2を盛り、マグロ、納豆、山芋をのせ、ごまと青のり粉をかける。

元気アップ食材

エビ

悪玉コレステロールを抑え、視力低下予防にも

エビは高たんぱく質で低脂肪なので、肥満を避けたい老犬にはおすすめの食材です。身の赤色の色素成分であるアスタキサンチンには強い抗酸化作用があります。悪玉コレステロールの酸化を防ぎ、目の網膜にも作用し、視力低下を防ぐ作用もあります。

レシピアドバイス

- ◉卵にはたんぱく質のほか、脂肪、ビタミンB_1、B_2、A、Dなどや、カルシウム、リン、亜鉛などを多く含み、体力をつけるのに役立ちます。
- ◉さやいんげんに多く含まれるビタミンKは、骨を丈夫にする効果があります。
- ◉くず粉には胃腸を整える働きがあり、エネルギー補給にもなります。

エビとれんこんのくずよせ団子

エビと野菜をやわらかい団子にすることで、噛まなくても飲み込め、栄養もしっかり摂れるメニューです。誤飲が心配な場合は、すべての材料をペースト状にしてもよいでしょう。

材料　1日分（10kgの老犬の場合）
むきエビ　100g
れんこん　40g／さやいんげん　1本
A　卵　1個
　かたくり粉　大さじ2
　ごま油　小さじ½
だし汁　2カップ
本くず粉　大さじ½

1.エビはあれば背わたを除き、細かく刻む。
れんこんは皮をむいてすりおろす。
2.なべに塩少々（分量外）を入れた湯を沸かし、さやいんげんをゆでる。
さっと水にとり、水けをきってみじん切りにする。
3.ボールに**1**、Aを入れてよく混ぜる。
4.なべにだし汁を入れて中火にかけ、煮立ったら**3**をスプーンで
一口大（直径約2cm）ずつすくって落とし入れる。
浮き上がってきたら、倍量の水でといたくず粉を加えてとろみをつける。
5.器にさました**4**を盛り、**2**をのせる。

食べないという
引き算の食事療法

休憩や睡眠というのは健康状態を維持するうえでとても大事なことです。強いストレスを受けたり休みがない状態で長時間働くと、作業効率や生産性も悪くなるでしょう。逆に、十分に休みをとったあとは仕事がはかどることは、多くの方に経験があるはずです。では､消化管の休憩時間とはいつでしょうか。そう、食べていないときです。1日3食よりも1日2食のほうが消化管の休憩時間は長くなりますし､1日1食だとさらに長くなります。

消化管のSOSのサイン

嘔吐や口内炎などを心配して診療にみえる飼い主さんは､「吐く子に食べさせるとよい食材はなんですか？」「口内炎でも食べてくれるものはなんですか？」という質問をされることがあります。心配な気持ちはわかりますが､「食べるという足し算の治療だけが正解ではない」ということもご理解いただきたいのです。吐くとか口内炎などの症状は、体の「なんとか消化管を休ませてほしい」というSOSのサインかもしれないからです。
症状や疾患の原因をとり除く治療法である原因療法では、病気は下記の3種類に分類できると考えます。

①「食事だけが原因で具合が悪くなった場合」
②「食事も原因で具合が悪くなった場合」
③「食事は一切関係なく具合が悪くなった場合」

①は食事を変えれば解決しますから、食事内容で大きく不足しているもの、または過剰なものを適正化してあげます。②は食事を変えることで一部分は改善しますが、他の原因を適正化する必要があります。③は食事を変えてもなにも変わらず、努力が空回りすることが診療上よく見られます。

まずは原因を探ることから

飼い主さんは､「なぜこの状態になったのか？」というそもそもの原因を獣医師に調べてもらい、なにを変えればよいのかを獣医師に判断してもらう必要があります。
体には素晴らしい調整能力があります。消化管粘膜は、軽い炎症などの場合なら獣医師の指示に従って休ませれば、2〜5日間で回復することもあります。ワンちゃんの状態、不調の原因を踏まえ､獣医師の指示で行なう断食や半断食といった「食べないという引き算の治療」は、有効な家庭内ケアの1つといえるのです。

飼い主さんの疑問に答える
手作り食Q&A

手作り食全般、栄養のこと、食材、調理法、食べ方など飼い主さんの疑問に答えます。

手作り食をしたいのですが……

Q. **うちの犬はお腹がとても弱く、消化不良を起こしやすいのですが、手作り食にして大丈夫ですか？**

A. 安心できる食材で作った手作り食と、どんな食材でどのように加工されたかわからない市販フードを比較して、どちらが体にやさしいのかを考えてみてください。どちらがよい悪いではなく、「どちらが現状に適切か？」という視点です。おのずとどちらを選択したらいいのかが判断できると思います。デリケートな子であっても、移行プログラム（30ページ参照）を参考に徐々に手作り食に切り替えていけば適応できますので、トライする価値はあると思います。

Q. **食物アレルギーで消化管に症状が出るのですが、手作り食にしても大丈夫でしょうか？**

A. どのように食物アレルギーと診断されたかで、結論が変わってきます。

慢性の下痢とアレルゲン検査で陽性が多いというだけで食物アレルギーと診断されているケースが非常に多いのです。このような診断の場合、「市販フードだとアレルギーのような症状が出ることはあっても、手作り食にすると出なくなりました」という体験談を聞くことが非常に多いのです。ですので、いったん手作り食にしてアレルゲンの食材を除いて食べさせてみることを提案します。まれに年単位でかかるケースもありますが、ほとんど3〜6か月程度で改善しています。あきらめずにチャレンジしてみてください。

Q. **甘やかして育てたせいか、気に入らないものは絶対食べてくれません。手作り食に切り替えて大丈夫でしょうか？**

A. まず、飼い主さんが悪いわけではなく、しつけ方を知らなかっただけですし、過ぎたことを悔いてもしかたありません。さて、目の前に食事があって餓死する動物はいませんから、あなたは鬼の覚悟で同じものだけ出し続けていればいいのです。「出しても食べない」が4日ぐらい続くと、しかたなく食べるものです。今までは、「こうゴネれば好きなものが出てくる」と犬が学習しているだけですから、「今日からは違うわよ」という態度を示せば、「今までの戦術では通用しなくなった」となるものです。これは根くらべですから、負けないようにがんばってください。あなたは犬に操られているだけです。

Q. **手作り食にはいつ切り替えればいいのか迷ってしまいます。病気になってからですか？　元気なうちからですか？**

A. どちらでもかまいません。いつからでも切り替えは可能です。飼い主さんが手作りをしなければならないという風に考えて、せっかくの休日に休みたいのに「手作り食を作らなきゃ」といってストレスになるのもどうかと思います。長続きさせることが大切なので、市販フードも手作りもどちらもとり入れてはいかがでしょうか。

Q.　これまで手作り食はしてきませんでしたが、高齢犬になってから手作り食にしても大丈夫でしょうか。また、どのように始めればよいでしょうか？

A.　手作り食は、何歳から始めても大丈夫です。これまでずっとドッグフードを食べていた子でも問題はありません。しかし、手作り食に切り替えると、最初のうちは便がゆるくなったり下痢をすることがありますが、それは腸の「正常な移行のための反応」です。一定期間がたてば元に戻るので見守ってあげればよいのです。とはいえ、中には不安に思う飼い主さんもいるでしょう。その場合は、本書の「移行プログラム」（30ページ参照）に沿って徐々に切り替えるようにしてください。

Q.　手作り食にしたら、おしっこの量が増えたのですが大丈夫でしょうか。

A.　おしっこの量が増えると腎臓病や糖尿病なのではないかと心配する飼い主さんがいらっしゃいます。思い当たることがドライフードから手作り食に切り替えただけでしたら、まず大丈夫です。摂取水分量が格段に増えていますから、当然出る量も増えてきます。

Q.　手作り食にしたら、おしっこの色がうすくなってきたのですが。

A.　やはり、思い当たることがドライフードから手作り食に切り替えたことだけならば大丈夫です。十分な水分量がとれているとおしっこの色はうすいものです。黄色いおしっこは排泄不良のサインかもしれませんので、気をつけてください。ただし、朝は夜の間水分をとっていませんから、１日の中では若干黄色みが強いということは覚えておいてください。

Q.　うんちの量が増えました。うんち自体はいいうんちだと思うのですが、量が多いということは消化吸収がうまくいっていないのでしょうか。

A.　単純に食物繊維の量が増えたからではないでしょうか。腸の運動が活発になってきたからということも考えられます。もし、消化吸収がうまくいっていないのならば、見た目で肋骨や背骨がわかるなど体型に変化があるはずです。体型に変化があるようでしたら、食事の量を増やすなどして様子を見てください。体型に変化がなければ心配ないと思います。

Q.　他の飼い主さんから「散歩でうんちをするのは１回がベストで、２回以上するのはエサの与えすぎ」といわれました。本当なのでしょうか。

A.　不正確な情報です。犬によってその日の体調も違いますし、食べているものでうんちの量も違いますから回数はあまり気にする必要はないと思います。手作り食で食物繊維の多い食事をしていて、運動もしっかりしていれば２回、４回うんちをしたところで別に問題ありません。むしろ出ないほうが問題ですし、食べすぎているならば確実に太っていくので、あまり気にしなくてよいでしょう。

Q. **手作り食にしたら、皮膚がかさつくようになりました。大丈夫でしょうか。**

A. 診療経験上、ほとんどが、食事で摂るべき植物性の油が不足しているのが原因でした。皮膚がかさついたり、毛がぱさついたりするようなら油の量を少し増やしてみてください。料理の仕上げにオリーブ油やごま油をかけてあげるとよいと思います。

Q. **手作り食はやわらかい食事ですが、歯やあごが弱りませんか？**

A. 確かにおじやなど煮込んだ手作り食はやわらかい食事ですが、野菜などは生で噛み応えがある大きさに切って与えてもかまいませんし、おじやに噛み応えのあるブロック肉などを加えてもよいのです。食事以外に、歯応えのあるガムなどを噛ませるのもよいでしょう。手作り食＝やわらかい、歯やあごに悪い食事ではありませんので、柔軟に対応してください。

栄養について知りたい……

Q. **市販フードの品質に不安を感じています。**
犬に食べさせて本当に大丈夫なのでしょうか。

A. 市販フードは悪いものではありません。栄養バランス満点で、1年間品質の変わらない食事を安価で提供してもらえるのですから、便利さという点で、非常にありがたいことではないでしょうか。実際あのフードのおかげでペットとの生活ができる方がたくさんいらっしゃるのです。そして、問題が生じないケースも多いのです。

●

私がたくさんのワンちゃんたちを診察して思うことは、市販フードが悪いのではなく、中には「合わない子」がいるということです。合わないならば、他の選択肢があってもいいのではないだろうかと考え、その1つとして「手作り食」を提案しているのです。
私は市販フードを批判しているのではありません。ただ、あの価格で飼い主さんたちが考えているような高品質、高性能を期待するのは無理だということを理解してください。

●

ちなみに当院でも飼い主さんの強い要望によって、ドライフードを作ってみました。しかし飼い主さんが要求するような食材でフードを作ると、製造原価が通常の市販フードの販売価格を超えてしまうのです。これはロット数を多くしたからといって安くなるというレベルではなく、人件費や加工費などが加われば当然販売価格も値が張ることになります。
私が驚いたのは「値が張る」ということよりも、「いったい他社はどんな食材を使っているのだろう」ということでした。某総合食品加工メーカーの営業の方に聞いたところ、「包材のコストを考えると、原材料は無料か、お金をもらって引きとってくるのでなければ無理でしょう」との意見でした。実際に作ってみたから、ますます不思議なのです。

Q. **犬が長生きになったのは、市販フードのおかげと聞きました。本当ですか？**

A. 林谷秀樹准教授（東京農工大学）と日本愛玩動物協会の全国調査によると、犬の平均寿命がこの10年余りで8.6歳（1990～1991年調査）から11.9歳（2002～2003年調査）と、約3年も延びています。この話を受けて、犬の長生きの原因は栄養バランスのとれた市販フードを手軽に食べられるようになったからという説があります。もちろん、そういう側面も否定はできませんが、寿命が延びたことについて林谷助教授は「昔は番犬として屋外で飼われていたのが、今は血統書付きをペットショップで購入し、ワクチンも摂取済みというケースが多い」と話し、異常に気づきやすく、すぐ受診するようになったことが大きな要因だとしています。

Q. **他の飼い主さんから「手作り食を食べているから○○ちゃんは小さい」といわれて自信が揺らぎました。このまま手作り食を続けてよいのでしょうか？**

A. 人間でも背の低い人、体の小さい人はたくさんいらっしゃいます。そのことがなにか問題なのでしょうかと考えると、犬すべてが同じ大きさでなければならない理由はまったくないと考えます。小さくても元気だったらよいのではないでしょうか。スタンダードな大きさにあまりにも固執しすぎる方が少なくない気がします。

●

市販フードを食べていても小さい子はいます。手作り食をしていても大きな子もいます。大きさを指摘した方のまわりには手作り食をしていて小さい子がいるという、ただそれだけのことですので、あまり気にしないでください。といって、不安をかかえたまま手作り食をしなければならないこともありません。筋肉をつけたければ肉や魚を多めに食べさせてみてはどうでしょうか。それと運動量を増やすことです。ただし、人間でもそうですが、どんなに筋トレをやっても筋肉が太くならない人はいます。犬でも同じようにそういうことがあることを覚えておいてください。

Q. **手作り食にして体重を増やしたいのですが、どうしたらよいでしょうか？**

A. 〔食事の量について〕

手作り食に切り替えた飼い主さんで多いのは、ドライフードと同量の手作り食を食べさせていて、太らないとかやせてきたと悩んでいる方です。ドライフードと手作り食では、100gあたりのカロリーが手作り食のほうが少ないのですから、もっと食べさせてよいのです。

〔消化吸収能力について〕

消化が十分にできないから吸収できない、消化酵素の分泌があまりよくない犬もいます。物音などに敏感なデリケートな子は、消化能力があまり高くないことが少なくありません。そういう場合は、口から消化酵素をサプリメントとして補うという方法もあります。

腸の働きが悪い、宿便が溜まっているなど便秘気味な子は、吸収能力があまり高くないケースもあります。水分と食物繊維を十分に摂って、いったん、お腹の通りをよくしてあげましょう。しかし、精神的な問題などでお腹が動いていないところに食物繊維を多く摂ると、お腹がパンパンになってしまうことがあるので、まずは水分摂取量を増やすことから始めてください。

食材、調理法について知りたい……

Q. **毎回違った食材を食べさせせることは問題ないのでしょうか？**

A. 特に問題はありません。犬は雑食性なのでじょうずに適応していきます。ただし、デリケートな子はちょっと食材が変わっただけで下痢をしたりすることがあります。この場合は、同じ食事を続けることが飼い主さんの精神衛生上、得策です。

Q. **穀物類は犬の体にあまりよくないという話を聞きますが、問題ないのでしょうか？**

A. 昔、私の実家の近所の犬は、ぶっかけ飯ばかり食べさせられていました。しかも喜んで食べていました。犬の祖先はオオカミだから肉食がよいという説がありますが、では人間の祖先はサルですから、そうすると人間生活の煮炊きなど、火を使うことをすべて否定しなければならなくなりますね。犬は人間の生活とともに変化してきた動物ですから、もともとどうであるかは別にしても適応能力のある生物です。それに、ネズミなどの小動物が食べた穀類を間接的に摂取してきているでしょうから、特に問題はないと考えます。もちろん、なんでも合う子と合わない子がいますから、合わないなら量を減らせばよいのです。穀物を食べて元気な子たちはたくさんいますし、市販フードの原料のほとんどは穀物ですから、過度に心配する必要はないと思います。

Q. **犬に塩分を与えてはいけないと聞きますが、シラスの塩分は抜く必要はありますか？**

A. 世の中の99%の方が真実だとかたく信じている話です。専門家に「犬と人間は違いますから」といわれると納得してしまうのですね。この話はじつは、「犬は低塩状態でも生きていける」という研究報告が、いつのまにか「塩分を与えてはいけません」に変わってしまったのが実情です。実際、自然界でエサとなる小動物の血液中には約1%の塩分が含まれています。逆にまったく塩分を摂らないというのは、元気がなくなることにつながりますし、いきすぎるとミネラル不足になります。

●

最近、塩分を与えてはいけないということだけが一人歩きをして、野菜に含まれるナトリウム量まで計算する飼い主さんが出てきています。そこまでする必要はないということを共通認識として覚えておいてください。塩漬けの食品を継続的に過食したら、なにか問題が生じる可能性がありますが、それはどんな栄養素でも同じことです。

また、十分な水分を摂取していれば、余分なミネラルはおしっこで排泄されますから世の中でいわれているように気にすることはありません。ペットに関する情報には、本来の報告から一人歩きしてしまっている情報が少なくありませんので、極端だなと思う情報は慎重に検討することも大切です。

Q. アクの強い野菜は与えても大丈夫でしょうか？

A. このご心配は、「アクの強い野菜にはかゆみのもととなるヒスタミンやコリンなどが含まれているからやめたほうがいい」という話からきているのでしょう。

アクの強い野菜にはほうれん草などの葉野菜、じゃが芋、里芋、ごぼう、れんこんなどの根菜類、竹の子などがあります。アクの多くは水にさらすととけて出ていきますから、切ってから流水で洗ったり、ゆでてから水でさらすのであれば心配は少なくなります。

健康体の子は特に問題はありません。アレルギー体質の子でしたら様子を見ながら食べさせてあげてください。

Q. ほうれん草を食べさせていましたが、含まれているシュウ酸は結石の原因になるから食べさせないほうがいいといわれました。どうしたらよいでしょうか。

A. シュウ酸はアクの原因物質で、過剰に摂取すると人によっては結石の原因になるという報告は確かにあります。しかし、ほうれん草はアクっぽさを除くために下ゆでして水にさらしてから料理に使うのが一般的です。ゆでてさらすことでシュウ酸はとけ出ますから、ほうれん草を食べると必ず結石になるとはいえません。

Q. 大根とにんじんをいっしょに調理すると、大根のビタミンＣが破壊されると聞きましたが本当ですか？

A. 「大根のビタミンＣはにんじんに含まれているアスコルビナーゼという酵素によって破壊され、時間の経過とともに減少する」という従来の定説がまだ流布しているようです。

しかし、アスコルビナーゼという酵素名は学術書には見当たりません。

ビタミンＣには還元型ビタミンＣと、これが酸化して生成する酸化型ビタミンＣの２つの型があり、以前は酸化型ビタミンＣの効力は還元型のより劣るもの（約½）とされていました。しかし、その後の研究で、酸化型ビタミンＣにも還元型と人体内では同等の効力があることが証明されました。現在では、この２つの型の合計量を総ビタミンＣ量としています。

大根とにんじんをすりおろして混ぜ合わせたもので実験した報告では、酸化型ビタミンＣは15分後には73%、60分後には81%に増加しており、これはにんじんに含まれているアスコルビン酸酸化酵素（還元型ビタミンＣを酸化する酵素）によって還元型ビタミンＣの酸化が進んだと考察しています。酸化型が増えるということはそれに伴って還元型が減ることになります。

報告では、あくまでも推測と断っていますが、かつていわれていた「ビタミンＣが減少する」という報告は、還元型ビタミンＣだけを指していたのかもしれないといっています。

60分後の総ビタミンＣ量の残存率は91%あり、大根とにんじんを合わせてもビタミンＣ量はほとんど減少しないといえます。

Q. **豆を圧力なべでまとめゆでしていますが、栄養素が損失するからやめたほうがいいといわれました。早くゆであがって便利だったのですが、やめるべきでしょうか。**

A. 圧力なべ調理のように食品に高圧がかかった場合、ビタミンB_1、B_2は破壊されやすい栄養素といわれています。豆類は一般にビタミンB_1、B_2を多く含んでいます。豆を圧力なべと普通のなべでゆでてビタミンB_1、B_2の損失量を調べると、圧力なべのほうが損失量はやや大きくなります。しかし、その量はわずかですから早くゆであがる便利さを考えれば、気にする必要はないでしょう。どうしても気になるならば、サプリメントで補いましょう。

Q. **煮干しを食べさせていますが、うんちに煮干しの銀色がそのまま出ているようです。ミキサーにかけても消化されていないようですが、大丈夫でしょうか？**

A. 消化されないものも一部あるでしょうし、その他の部分は消化されているかもしれないので、あまり心配しなくていいと思います。人間でもとうもろこしを食べすぎた翌日、自分の排泄物に未消化のものが混ざっていてもさほど心配しないでしょう。
犬が食べても食べてもガリガリにやせて毛づやが悪くなっていくというのでなければ、心配はいりません。

Q. **生肉食がよいと聞いたのですが、インターネットで「肉類は火を通さないと虫などの心配があります」という情報を目にしました。大丈夫でしょうか？**

A. 生肉であれば寄生虫などの心配はゼロではありません。しかし、犬はもともと胃酸が強いといわれていますので、それほど心配いらないという話もあります。現代、人間用の肉では、まず心配ありません。あとは飼い主さんの判断です。どうしても心配だというのであれば火を通したほうがよいでしょう。ちなみに私は生肉は食べません。豚肉、ジビエ肉（シカやイノシシなど野生動物の肉）は加熱してください。

Q. **手作り食はまとめて冷凍してもよいですか？**

A. まとめて作って冷凍、解凍して使ってかまいません。

Q. **犬がミネラルウォーターを飲むと結石ができるといわれました。ずっと飲ませてきたのですが大丈夫でしょうか？**

A. 「ミネラルウォーターを飲むと結石ができる」という話は大嘘です。自然界を観察してみてください。自然界の動物は、水溜まりの水を飲んでいます。これは超ミネラルウォーターではないでしょうか。水どころか土だって食べます。自然界には結石症の動物は見つかりません。ということは、水にミネラルが含まれていることが結石の直接的な原因ではなさそうですね。水分の少ない食事でミネラルが多いと結石ができる可能性があります。ミネラルは悪化要因ではありますが、直接的な原因ではありません。

量、食べ方について知りたい……

Q. **せっかく作った手作り食のおじやを遊びながら食べているのですが、どうしたらよいでしょうか？**

A. たいていの場合「食べにくいから」というのが理由のようです。犬は食事を舌ですくって食べますから、今までの軽くてカリカリした食事は舌ですくいやすかったのに、水分が多くてべちょべちょした食事に変わると食べにくいのでしょう。この状況を飼い主さんの視点から見ると遊んでいるように見えるということです。実際、「食べたそうにしていたので、手で丸めて口に入れると喜んで食べていました」というケースがほとんどです。

おじやが苦手な子は、汁かけごはんのようにさらさらした状態で食べさせると、食べやすくなることもあります。また、逆に水分を減らした混ぜごはんも食べやすいようです。

食材を偏りなく使っていれば、汁がかかっていなくても水分摂取量はドライフードより多くなりますから、体調とおしっこの色が濃くならないように水分の量を調節してあげてください。

Q. **手作り食にしたら水を飲まなくなったのですが、大丈夫でしょうか？**

A. 心配無用です。今まで飲んでいた水分を食べて摂取しているので、あたり前のことです。肉は60～70%が水分、葉ものは80～90%が水分です。自然界ではこれでも足らない水分を飲んで補給しています。手作り食にしておじやや汁かけごはんを食べたら、相当の水分量が摂取できます。それだけ水分の多い食事を食べたら、水を飲む必要がないので、飲まなくなってきます。ドライフード主体の食事になると、ドライフードに含まれる水分は10%未満。すべての犬が水をよく飲むわけではないので排泄不良という障害が起こるのです。

Q. **最近、手作り食のおじやを残すようになりました。どうしたらよいでしょうか？**

A. 食感が飽きてきたのかもしれません。ときどき、混ぜごはんとかチャーハン、肉や魚だけとかにしてバラエティーに富んだ食生活にしてみることも一考です。

Q. **ペットホテルに預けたときや災害時に備えて市販フードに慣れさせておいたほうがよいのでしょうか？**

A. 「犬は毎日、毎食食べなければならない」という考えが前提にあると思われますが、数日間食べなくても生死にかかわることはほとんどありません。また、目の前に食べられるものがあって餓死する動物はいませんから、あえて市販フードに慣れさせなければならないことはありません。

私はなんでも食べられるほうがいいと思っているので、手作り食も市販フードもどちらも食べられるようにしておいたほうが、それはいいと思います。しかしドライフードなどに疑問を持ったまま「食べさせなければいけないかなぁ」という気持ちの飼い主さんには、あえてドライフードを食べさせる必要性を私は感じません。

体調管理について知りたい……

Q. **うちの子は歯磨きを嫌がります。硬いものを食べさせれば大丈夫でしょうか。**

A. 歯のことに関しては飼い主さんが同じことをやってみて、どうなるかを経験するのがいちばんよいと思います。つまり、人間でも「硬いものを食べれば歯磨きはいらない」とはならないのと同様、ワンちゃんに硬いものを食べさせても歯の表面が磨かれるだけで、歯と歯肉の隙間（歯肉溝）を磨くことはできません。犬が歯ブラシを嫌がるという場合、飼い主さんの歯ブラシの当て方が強すぎて痛いのが原因のほとんどです。しかし、嫌がるからやらないとなると、歯周病菌が歯の根元から血液に入って全身に広がり、あちこちで病気を作ることになってしまいます。まずは、焦らずに「口を触って遊ぶ」から始めることが大事だと思います。歯ブラシによる歯磨きは健康のためにたいへん重要ですから、体調によっては、しつけ直してでもとり組む必要があると思います。

Q. **寒い日に下痢を起こしやすいのですが、なぜでしょうか？**

A. 下痢を心配する飼い主さんは少なくないのですが、下痢は基本的に「これらの食事がこれ以上お腹の中にあると、体に負担がかかるし、不具合が起きやすいからさっさと出して腸内をリセットしてしまおう」と体が判断したときに生じる現象です。下痢は体の大切な正常化機能だと理解してください。脱水と体力低下に気をつけさえすればよいのです。
寒い日によく下痢をするというのは、ストレス性の下痢という可能性があります。おそらくストレスを感じやすいタイプのワンちゃんだと思われますので、ある程度はしかたがないのではないでしょうか。マッサージをするなどして飼い主さんとのコミュニケーションを増やして安心感を与えることは、改善策の１つとして手軽にできておすすめです。

Q. **犬にも花粉症やハウスダストのアレルギーなどはあるのでしょうか？**
予防はしておいたほうがよいですか？

A. 犬にも花粉症やハウスダストアレルギーと似たような症状はありますが、じつは人間同様、ハワイに行く（原因物質のない環境に身をおく）と症状がなくなる、副鼻腔炎を改善したら、翌年から花粉症の症状がなくなるといったことは珍しくありません。
炎症は、白血球と異物が闘っているサインです。一般の方はちょっとした症状が出ると「アレルギーかも？」と考えがちです。しかし、単に異物量が多すぎて、それに対して反応を起こし続けることで、慢性的に炎症を起こしている状態をアレルギーと呼ぶこともあります。
体内と生活環境を整えることで解決できる可能性は十分にあります。信頼できる獣医師に現状を話して原因を探ってもらい、原因を減らす方法を指示してもらうのがよいでしょう。

Q. **「脂漏症はウイルス性で劣性遺伝なので一生治らない」といわれましたが、本当ですか？**

A. 私は違う認識です。少なくとも当院で診療してきた「脂漏症」の犬には、必ず根本原因がありました。食事の問題というよりも、皮膚を健常に保つためのコントロール系が、なんらかの原因で機能不全になり、皮脂がどんどん出ている状態と考えております。ですから、なにかの栄養素が不足・過剰で脂漏症になっているのではなく、体内のどこかで問題が生じており、正常に闘った結果、皮膚に症状が出ているという場合が考えられます。この場合、「シャンプーしてもすぐにベトベトになる……」という声が多いように、根本原因を放置して、皮膚をケアしても、本質的な解決にはならないことがほとんどです。もちろん「ベトベトしているから、家具が汚れる……」ということでしたら、適度に洗っていただいてよいのですが、もし洗っても解決しないということであれば、なにが本質的な原因なのかを同時進行で探り、症状が出ないレベルにまで原因を減らすことが、根本的な解決になると考えています。

Q. **毎年、春先から湿疹が出始めてなめまくるのですが。**

A. 「季節の変わりめだから……」という意見はなんとなく説得力がありますが、黄砂の影響で症状が出ている可能性が考えられます。気象関連のアプリやサイトを「複数」チェックし、黄砂量がひどいときには散歩を控えることが基本です。また、そうしたときに洗濯物を外に干すことはおすすめできません。室内で除湿機をまわしながら乾燥させてください（須﨑家ではそうしております）。また、空気清浄機を活用して、室内の空気をきれいに保つこともおすすめです。そして、じゅうたんなどに落ちたものは空気清浄機ではどうにもならないので、掃除機でしっかりと吸いとることも重要です。

症状は皮膚に出ていますが、皮膚に問題がある場合と、皮膚以外の体内のどこかで問題が生じていて、正常に闘った結果、皮膚に症状が出ている場合があります。皮膚のケアをしてもなかなか解決しない場合は、同時進行でなにが本質的な原因なのかを探って、症状が出ないレベルにまで原因を減らすことが、根本的な解決になると考えています。

Q. **高齢犬と過ごすうえでの接し方、散歩のしかたなど、気をつけたほうがよいことを教えてください。**

A. 高齢犬になると、反応や対応能力が若かったころとは違ってくることがあります。これは、目が見えにくい、耳が聞こえにくくなっているためです。

「まぁそれなりの年齢だし……」と受け入れつつ、散歩も途中でくたびれたとか歩きたくないというそぶりがあれば、無理に引きずったりせずに、ゆっくりと帰宅することを選択してください。気温の変化やのどが渇いたことに対する調節能力が鈍感になる子もいます。不調を起こす前に、エアコンなどを使って室温を快適に保つようにしてあげましょう。また、水分はおしっこの量を増やして、体内の老廃物の排泄を促す役割があります。老化によって口の渇きに気づきにくくなるので、口の粘膜を触って乾いているようならスポイトなどで水を飲ませることなどを心がけてください。

犬に食べさせてはいけない食材・気をつけたい食材

あまりむずかしく考えたり、神経質になったりする必要はありませんが、やはり犬に食べさせてはいけない食材はあります。一方注意が必要といわれているが、それほどでもない食材もあります。ここでは食べさせてはいけない食材と気をつけたほうがよい食材をご紹介します。

☒ ……犬に食べさせてはいけない食材

△ ……犬に与える際に気をつけたほうがよい食材

また、現在疾患をかかえている場合には、ちょっと配慮が必要になることもあります。その際は疾病別手作り食レシピ（49ページ）を参考にしてください。

☒ ねぎ類

[長ねぎ、玉ねぎ、にら、ワケギ、らっきょう、あさつきなど]

ねぎ類を食べることで、「ねぎ中毒」という貧血になる可能性があります。ねぎ類に含まれるアリルプロピルジスルフィドという物質が赤血球を破壊するのがその理由です。
アリルプロピルジスルフィドは加熱しても作用は変わらないため、ねぎを含んだ料理にも危険性はあります。ねぎの許容量は犬の体重1kgあたり15〜20gといわれています。たとえうっかり食べてしまったとしても、常食しない限り、食べるのをやめれば貧血も回復に向かいます。ひどい貧血状態になってしまった場合は、迷わず動物病院に連れて行ってください。

☒ じゃが芋の芽

ソラニンという中毒を起こす物質が含まれているので、じゃが芋を与えるときは、よくとり除いてください。
気をつけなければならないのは、買い置きのじゃが芋に芽が出ていて、犬が知らないうちに食べてしまっていたというケースです。

☒ カフェイン

[コーヒー、紅茶など]

カフェインによって、デリケートな子は不整脈を起こす可能性があります。このような理由からコーヒーなどカフェインを含むものは積極的に飲ませるものではありません。

☒ チョコレート

チョコレートに含まれるテオブロミンが心臓や中枢神経系を刺激し、嘔吐や下痢を起こし、
ひどい場合はショック状態になったり、急性心不全になって死亡したりすることがあります。

☒ キシリトール

加工食品の成分表示を確認して、キシリトールと書かれているものは食べさせないようにして下さい。キシリトールは、軍隊にとって現地調達できる甘味料として研究されました。このとき、犬だけが血中インスリン量が急上昇して低血糖状態になるという、他の動物にはない反応をすることが当初からわかっていました。今日、安く大量生産できることから、人間の食品や薬にも使われるようになり、それを犬が誤食した結果、嘔吐したり、低血糖になったり、肝不全になるなどの事故が起こるようになりました。そんなことから、「人間の食べ物を食べさせるのは危険です」という「わかりやすい間違った情報」が発信されるようになりました。しかしそれは加工食品の話です。ですから、「だから手作り食は危険なのです」という話は間違いなのです。

△ 消化器を傷つける可能性があるもの

「加熱した骨は消化器に刺さる可能性があるから危険」といわれていますが、本当にそうでしょうか？　確かに見ためは鋭利ですが、骨を食べる犬の飼い主さんからは「問題なく上手に食べていますよ」といわれます。胃酸は骨を消化できますし、日本でも有数の手術件数の多い動物病院の獣医師も「骨が消化器に刺さったケースは経験ないです。その代わり竹串が刺さったケースはたくさんあります」とおっしゃっていました。特に問題ないと思われますが、どうしても心配なら食べさせないようにし、ミネラルはサプリメントで補ってください。

△ ぶどう

「ぶどうは危険」という情報がありますが、本当なのでしょうか？　確かに、ぶどうを食べて不調になったり、亡くなった犬がいるのは事実です。ところであなたは「ワインドッグ」というぶどう農園で働く犬をご存じでしょうか？　この犬を園内に放ち、ぶどうを食べたら甘く熟れたと判断して収穫するのだそうです。ですから、以前から犬はぶどうを食べていましたし、今でもぶどうを食べています。しかし近年、ぶどうは犬に急性腎不全を引き起こすと危険視されるようになりました。この話を聞いたとき「急性腎不全の原因はぶどうそのものではなく、流通の過程でなにかが起こっているのでは？」と感じました。現代科学をもってしても「原因は不明」ということで、なんらかの配慮があるのかなと思いますが、ぶどうそのものには問題がなさそうでも、流通過程のことは完全に把握しきれないので、要注意な食材ではあります。

△ 塩分の多い食事

[みそ汁、ラーメン、カレー、ハム、ベーコン、塩、しょうゆ、ポテトチップスなど]

「塩分は犬の腎臓や心臓に負担をかけるので、摂取するのは危険です」という間違った情報が真実として伝わっています。それは、「腎臓がミネラルの調節ができなくなった末期状態の犬」や「少しでも血圧が上がったら命に関わる犬」の「延命のための情報」であり、健康な犬なら水分を摂取すれば過剰な塩分は尿で排出できますし、血圧も食後に一過性に上がるものの、身体の素晴らしい調節能力を発揮して元に戻します。人間もラーメンなどのしょっぱいものを食べたら、水を飲みたくなりますよね？　それと同じ調節能力が犬にもあるのです。心臓病の犬の飼い主さんの中には、野菜に含まれるナトリウム量まで心配される方がいらっしゃいますが、十分な知識のない方（獣医師含む）が発するインパクトの強い誤情報を信じたために、する必要のない心配をされているケースを診療でよく見かけます。その情報が適切かどうかは、その方に人気があるかどうかではなく、どんな結果を出してきたのかで判断してください。なお、末期の腎臓病や心臓病の犬の場合は、食事療法に精通した獣医師に相談して下さい。

△ 香辛料

[とうがらし、こしょう、マスタード、七味とうがらしなど]

嗅覚の発達している犬は、自分が不調になるような量の香辛料などの刺激の強い食品を口にしません。仮に食べて嘔吐や下痢になったとしても、それは身体に備わった正常な「排除のプロセス」ですので、一過性の症状なら気にする必要はありません。

△ 消化の悪いもの

[冷たい牛乳、魚の赤身、生のイカ・タコ・カニ・エビなど]

「生の魚、イカやタコ、スルメなどの消化の悪いものは、胃腸に負担がかかり、下痢や嘔吐の原因になるから危険です」という間違った情報が流れていますが、本当なのでしょうか？　「消化が悪い」ということは、「食物繊維含有量が多い」ということです。しかし、消化が悪いといわれている「イカ」の食物繊維含有量は0%ですし、消化率は90%を超えています。ペットフードの主原料の一つであるトウモロコシの消化率が約50%ですから、十分消化のよい食材なのではないでしょうか？　このように、根も葉もない間違った情報が多いので、適切な情報を判断基準にするようにしましょう。

△ 生卵の白身

これも心配する必要はありません。確かに科学的事実として、生卵白に含まれるアビジンという糖タンパク質がビオチンの吸収を阻害するため、「長期」にわたって、「毎日」「多量」に摂取すると、ビオチン欠乏症になり、皮膚炎、成長不良などの症状を引き起こす可能性があります。これは、人間でも同じことが起こります。しかし、そんな危険な食材が、なぜホテルの朝食に「個数制限」もなく食べてよい状態になっているのでしょうか？　人間では毎日10個の生卵を食べ続けたら起こるレベルの話なので、毎日1個食べる程度ではなんの問題もなく、仮に罰ゲームで20個食べることがあったとしても、その量を毎日食べることはないですよね。どうしても心配なら、ゆで卵にすればよいだけの話ですから。知識があればなんの不安もなくなるでしょう。

△ お菓子

[ケーキ、ビスケット、アイスクリーム、ポテトチップス、まんじゅうなど]

問題は食べ過ぎによる肥満です。犬は甘党なので、お菓子の味を知ってしまうと、「手作りごはんを食べてくれないのですが、大好きなケーキは食べるんです」と、普段の食事に興味を示さなくなったりします。もちろん、これは飼い主さんの接し方に問題があるわけですが……。
なお、この話は「大量の常食がいけない」という意味で、ご褒美や「目を離した隙に食べられた！」というケースは除きます。

愛犬に食べさせたいおすすめ食材

食材にはそれぞれ犬の健康に役立つ効能があります。
中でも、おすすめの食材の特徴と働きを解説します。

◎ 本くず粉

くずは、お腹の調子を整えてくれる食材です。
◎アレルギー体質の子
◎お腹があまり丈夫ではない子
◎肌があまり丈夫ではない子
◎食事の変化に敏感な子には強くおすすめしたい食材です。
くずはマメ科の植物で、漢方薬である「葛根湯」の主成分です。本くず粉はでんぷんの１種で消化吸収がよくカロリーも高いので、胃腸に負担をかけずにエネルギーを摂取できるすぐれた食材です。また、手術を受ける前に体力をつけたいとき、手術後の回復期には特におすすめ。もちろん、ちょっと体力が落ちているようなときにも食べさせましょう。
ただし、くずをといただけでは香りに魅力がなくて食べてくれないときもあります。そんなときは、くずをとくお湯に、肉や魚の煮汁を使うことで解決できることが多いです。好みが分かれるところですが、レバーやじゃこの煮汁が有効なことが多いです。
購入の際には気をつけることが２点あります。まず、さつま芋やじゃが芋等のでんぷんと混ぜて市販しているものがあるので気をつけてください。もう１つは、漂白剤などの添加物を使用していないものを選ぶことをおすすめします。

◎ お米

お米は人間の主食です。犬は野生の状態から家畜化されてきたといわれていますが、お米は犬を家畜化する過程でよく与えてきた食材の１つだと考えられます。昔の犬は家の残り物を食べて生活していましたし、犬の食事といえば器にごはんを入れて、その上におかずの残り物をのせて、その上からみそ汁をかけて食べさせていましたよね？　それでも元気に生活していました。
お米をとり入れた食生活をしている飼い主さんによると、もちろん個体差はあると思いますが、市販フードだけの子と比べて体臭が少ないことが特徴かもしれないという意見が多いです。
もちろん、自然界では炊いたごはんを食べている生物はおりませんが、もともと食べていないからといって、食べられない食材、食べてはいけない食材ではありません。
お米は脂肪の少ない良質なエネルギー源です。お米は胚芽と米粒の外側の層に栄養素が集中しているため、玄米や胚芽米のほうが白米よりも栄養素が豊富です。しかし、玄米が胚芽米や精白した白米より消化しづらいのは事実です。
生まれたときから玄米を主食にしているワンちゃんを何頭か診察したところ、共通しているのは、体臭が少ないことです。室内犬が多くなった現状を考えると、玄米主体の食事に切り替えることは試す価値のあることだと思います。

◎ はと麦

はと麦には利尿作用があるため、体内の余分な水分をとり除く効果が期待されます。
皮膚角質層の新陳代謝を高める成分を含んでいるため、肌荒れにもよいとされています。さらに、はと麦にだけ含まれる「コイクセノライド」という成分には、がん予防やがん化抑制の効果があるという研究報告もあります。昔から、「イボとりの特効薬」としてもよく知られています。

◎ 大豆

大豆は「畑の肉」と称されるほど理想的なアミノ酸バランスを持っていて、たんぱく質含有量も豊富です。アレルギーがないことを確かめたうえで、動物性たんぱく質の代用にも使用できます。やわらかくゆでて使いますが、そのままでは消化しにくいようなら、すりつぶすなどして食事に混ぜるか、納豆として与えるのがベターです。
大豆に含まれている大豆イソフラボンは、人間の場合、乳がんや前立腺がんの予防作用が明らかにされている成分です。その他にも、血中脂質を低下させたり、余分な糖の吸収を抑えてくれたり、肥満改善、抗酸化作用、抗血栓作用が期待できます。また、大豆たんぱく質は犬の腎臓機能を高めるという研究報告もあります。

◎ 納豆

納豆が好きな犬は珍しくありません。大豆を蒸し煮し、納豆菌で発酵させて作られた納豆はたんぱく質の消化吸収率がよく、大豆の豊富なたんぱく質をより効率的に吸収できます。また、納豆菌が産生するプロテアーゼ（たんぱく質分解酵素）、アミラーゼ（糖質分解酵素）、リパーゼ（脂質分解酵素）、セルラーゼ（セルロース分解酵素）等の消化酵素は、いっしょに食べた他の食材の消化に役立ちます。さらに、納豆はビフィズス菌などの善玉菌を増やしてくれる作用があるといわれていますので、積極的に摂取したい食品です。

◎ あずき

あずきに含まれているサポニンは、水分の代謝を高めて、むくみをとる作用や、血液の状態を良好にする作用があるといわれています。また、皮膚の炎症などを抑える作用もあります。腎臓病や心臓病の子には積極的に摂取させたい食材です。脂肪代謝を促進させる作用もあるため、肥満のワンちゃんに与えましょう。ゆであずきをストックとして作っておくことをおすすめします。

◎ じゃが芋

じゃが芋に含まれる豊富なビタミンCは、でんぷん質で保護されているので加熱しても葉野菜のように減少しません。カリウムが豊富なため、過剰な塩分の排泄や、肉食による老廃物などの排泄を促進させます。じゃが芋に含まれるトリプトファンには造血作用があるため、貧血にも有効です。その他、アレルギー性皮膚炎にもおすすめできます。

◎ 大根

でんぷん分解酵素であるジアスターゼが、移行プログラムの間、炭水化物の消化をサポートします。大根には、血液を粘らせる過剰なたんぱく質を分解・消化するプロテアーゼ（たんぱく質分解酵素）が含まれています。その働きで、腎臓のフィルターの目づまりをとり除いて排尿を促すので体内の水分バランスも正常にします。食物繊維も多く便秘にも効果的。また、リグニンという不溶性の食物繊維ががんを抑制します。大根の葉のほうにはビタミンやミネラルが多く、特にカルシウムが豊富。油いためにして与えると、愛犬の皮膚や歯、骨を丈夫にできます。このように、大根には、有益な酵素がたくさん含まれるので積極的に与えましょう。酵素は熱に弱いので、できるだけ生で食べさせるようにします。生で食べさせる方法の１つとしておろし大根があります。おろし大根が苦手なら、すったリンゴと半々で与えてください。すったら早めに与えるようにします。

◎ かぼちゃ

かぼちゃはカロリーが高く、ビタミンの中でも、特に、β-カロテンとビタミンCを多く含みます。そのため、血行を促進し、皮膚や粘膜を丈夫にしてウイルスに負けない体質を作るのに役立ちます。強肝作用もあるため、肝臓の解毒作用をスムーズにしてくれることが期待できます。食物繊維も多く、便秘にも効果的です。ミネラルも豊富で元気のもととなります。ククルビタシンやセレンといったがん抑制物質も含まれています。糖尿病のワンちゃんにはあずきかぼちゃ（67ページ参照）がおすすめです。

◎ さつま芋

犬は甘党ですので、さつま芋は好物です。食物繊維が多く、便秘を予防するだけでなくコレステロールや塩分の吸収を抑制するので動脈硬化や高血圧予防に役立ちます。また、加熱しても壊れにくいビタミンCに富みます。ビタミンCは皮の下に多いので、皮はむかないで与えましょう。カリウム、マグネシウム、カルシウム、リン、鉄、亜鉛なども含んでいます。ごはんと同量でカロリー半分なので、ダイエットしたいときには有益な食材です。

◎ トマト

ナス科の植物。低カロリー食品ですが、豊富なビタミン、ミネラルを含みます。特にビタミンCが豊富で熱しても壊れにくいのが特徴。また、リコピンという抗酸化物質を含んでいるので、老化防止、がんの予防などに有益です。中医学では、解毒、血液浄化、脂肪消化の促進作用があるといわれています。胃腸が弱い場合は積極的に食べさせたい食材です。

◎ にんじん

にんじんに多いβ-カロテンは、小腸でビタミンAになります。ビタミンAは目によく、夜盲症や白内障を予防します。ミネラルや繊維質も多く、体を温め、胃腸機能を高めます。加えて造血作用があるため、貧血の改善・予防にも効果的。食物繊維も多いため、下痢にも有益で、血管疾患、糖尿病、肥満など生活習慣病の予防にも役立ちます。
にんじんは甘く、歯応えがあるため、好きな犬はとても多いです。

◎ キャベツ

食物繊維が多く、酵素類も豊富。特に生で与えると便通をよくするだけでなく胃腸の働きをサポートします。「抗潰瘍性ビタミン」とも呼ばれるビタミンU(キャベジン)を含み、名前の通り、胃潰瘍の予防や治療に効果的。ビタミンUのほかにも、がん予防効果のある物質が多数含まれていることがわかっています。キャベツに含まれるカルシウムは他の野菜に比べて吸収率がよいことがわかっています。生キャベツには、各種酵素、ビタミンが含まれているので、細かく刻んで、生で食べさせるのも有効です。ただし過食させると甲状腺がはれることがあるので、海藻や栄養補助食品でミネラルを補給してください。

◎ ブロッコリー

キャベツと同様、アブラナ科の植物。アブラナ科野菜の特徴は抗がん物質を含んでいることで、特にブロッコリーはその含有率が高いことで知られています。ビタミンCが豊富で、血管を丈夫にします。過食することによって甲状腺がはれることがあります。海藻といっしょに食べさせると安心です。

◎ 白菜

食物繊維が豊富ですが、繊維が比較的やわらかいため、いきなり食べてもあまり犬の胃腸に負担を与えない食材です。アクが少ないため、アレルギー体質の子には積極的に使いたい食材です。アブラナ科植物なので、キャベツやブロッコリー同様、がん抑制物質を含んでいることがわかっています。

◎ ごぼう

ごぼうには食物繊維が豊富に含まれているため、便秘解消、食品中のコレステロールや食塩などを吸着、排泄してくれるのに有益です。糖分の吸収抑制作用があるので、糖尿病の診断を受けた犬、ちょっと肥満気味の犬にもおすすめです。
イヌリンという成分が腎機能正常化に有益で、利尿効果があります。亜鉛や銅、セレン、鉄などのミネラルも多く、カリウムも多いため、ナトリウムを過剰摂取（味の濃いものを食べすぎた後など）している場合にもおすすめです。鉄分が多いため、造血力回復、貧血防止にも効果的です。

◎ ピーマン

ナス科植物で、テルペンなどのがん抑制物質が含まれています。ビタミンＣが豊富で、脂肪代謝を促進します。また、ビタミンＰも多く、毛細血管を丈夫にする作用があります。β-カロテンも含まれ、ビタミンＣはトマトの13倍も含まれています。

◎ しょうが

しょうがには、解熱作用、抗炎症作用、鎮痛作用、鎮咳作用、強心作用、抗酸化作用といった幅広い効能があります。フェノールやテルペンといった、抗がん作用のある物質も含んでいます。また、少量用いるだけで、解毒作用、殺菌作用が強く、しょうが汁を加えた湯に浸したガーゼで患部を拭けば細菌性の皮膚病の解消にも役立ちます。肝機能を改善してくれる効果があるので、体調が悪かったり、肝臓に問題をかかえている場合にはおすすめしたい食材です。下痢にも有益です。

◎ こんにゃく

「体の砂おろし」とも呼ばれるこんにゃくには、不要物を体外に排出する効果があります。体のお掃除と考えて、定期的に与えたい食材です。グルコマンナンという食物繊維は、血中コレステロール値を下げる効果があります。

◎ ひじき

鉄分とカルシウムが非常に多く、特にカルシウム含有量は海藻の中でいちばん多いといわれています。カルシウム源として毎食加えたい食材です。成長期の犬や貧血の犬にもおすすめです。
ひじきは消化しづらいので、フードプロセッサーなどで細かく刻み、よく加熱してから与えるようにしてください。

◎ こんぶ

ミネラル（カリウム、マグネシウム、鉄、亜鉛、銅、カルシウム）と食物繊維、ビタミンＢ群やヨウ素を大量に含みます。ヨウ素は甲状腺ホルモンの材料となり、体の組織レベルでの代謝を促進させます。甲状腺の働きを正常にするには有効な食品といわれています。
加えて、こんぶに含まれるアルギン酸は、体内にカリウムやカルシウムを残し、ナトリウムやコレステロールを体外へ排出してくれます。その他にも、がんを抑制する多糖類が多く含まれています。
乾物のままミルサーなどで粉末にして常備しておくとよいでしょう。毎日与えたい食材です。

◎ わかめ

食物繊維とミネラルに富み、ヨウ素を多く含んでいます。わかめに含まれるアルギン酸は塩分やコレステロールなどの不要物を体外に排出するのに役立ちます。
わかめにはフコイダンといった、がんを抑制する多糖類が含まれています。効果的に吸収・作用させるために、細かく刻んでしっかり煮て、煮汁ごと与えてください。

◎ しいたけ

しいたけは食物繊維が多いため、余分なものを吸着排出する作用があります。そのため、血糖値や血中コレステロール値を下げる作用があります。また、きのこ類に含まれるβ-グルカンや、レンチナンという物質には、がんの予防・治療の効果があるという報告が多数あります。
しいたけには、生しいたけと干ししいたけがありますが、より高い効能を期待するなら干ししいたけがおすすめです。干ししいたけは骨を丈夫にするビタミンＤを多く含みます。しいたけに含まれるリグニンには、骨髄における造血作用を促進させたり神経を正常に働かせる作用があります。加えて、胞子には強力な抗ウイルス物質が含まれています。
乾物のままミルサーなどで粉末にして常備しておくとよいでしょう。

◎ えのきたけ

食物繊維が豊富なので、毒素を排出する、血中コレステロール値を低下させる、ナトリウムを排泄させるといった効果があります。きのこ類特有の抗がん作用があります。胆石の予防や、食塩の排泄にも有益だといわれています。
与えるときは、できるだけ細かく刻んで与えてください。

◎ まいたけ

ビタミンB群、ビタミンDが多く、亜鉛、銅、カリウムにも富みます。抗がん作用のあるβ-グルカンという物質が含まれており、がんのときには積極的に摂取したい食材です。他に、高血圧や糖尿病の犬にも有益です。また、体内脂肪の代謝を促進するので、肥満の犬にもおすすめしたい食材です。与えるときは、できるだけ細かく刻んで与えてください。

◎ りんご

りんごは食物繊維の補給に有益で便通をよくしてくれます。また、腸内で善玉菌を増殖させる作用があります。下痢のときはすりおろして食べさせてください。
ペクチンは皮に多く含まれているので、よく洗って皮ごと与えてください。犬は甘いものが好きなので、りんごが好きな子は多いようです。

◎ オリーブ油

オリーブ油にはビタミンEや一価不飽和脂肪酸のオレイン酸が多く含まれているため、悪玉コレステロールを下げ、善玉コレステロール値を上げます。そのため、心臓や血管、血液のトラブル防止に効果があります。エキストラ・バージン・オリーブオイルがおすすめです。

◎ ごま

ごまの50%以上は脂質が占め、オレイン酸やリノール酸を多く含みます。また、ゴマリグナンと呼ばれる抗酸化物質が体内で発生する活性酸素を退治します。ゴマリグナンにはセサミン、セサモリン、セサミノール、セサモリノールといった種類があり、特にセサミンには発がんを抑制する効果があるといわれています。このような抗酸化物質を含むため、ごま油は酸化しにくいといわれています。
このように有益なごまですが、かたい繊維の殻で守られているので、粒のままだと消化しづらい食品です。食べる直前にすって、すりごまとして食べさせてください。

◎ 魚

私たちが日ごろ食べている食事に使われる魚はほとんど、愛犬も食べることができます。養殖より天然魚がいいのはもちろんですが、こだわれる範囲でこだわればいいと思います。イワシ、サケ、タラ、ニシン、ヒラメ、特に、サケ、イワシ、ニシン等、北方の海でとれる魚には「オメガ3脂肪酸」という、抗炎症作用、血行促進作用、血中中性脂肪を減少させる作用などの利点がある脂肪を含んでいます。愛犬の健康のために、積極的に食べさせたい魚です。

ところで「赤身魚にはヒスチジンというアレルギー反応を引き起こす物質が含まれているから、魚は食べさせるべきではない」という説がありますが、これは、保存温度を5〜10度で適切に保てば、ほとんど問題はありません。というのも、15〜20度の温度で赤身魚を1〜3日間放置すると、ヒスチジンが脱炭酸酵素を持つ細菌によって分解され、ヒスタミンというアレルギー惹起物質が生じるからです。一度生じたヒスタミンは加熱しても分解せず、一度ヒスタミンが生じた魚を冷蔵庫保存しても、ヒスタミンは徐々に増えてくることもあります。
このアレルギー様中毒は、春や秋に起こりやすいため、注意が必要です。仮にアレルギー反応が起こっても、1〜数日で回復する程度です。しかし、白身魚は赤身の魚に比べてヒスチジンの含有量が極めて少ないため、ヒスタミンによるアレルギー様中毒はほとんど起こりません。

◎ 肉・乳製品

狂牛病、鶏インフルエンザ騒動があってから、一般消費者の肉・乳製品に対する目は厳しくなっています。市場にも安全な食肉が流通するようになり、良質な食肉を購入しやすくなりました。畜産動物の飼育法をこだわればきりがありませんし、こだわりすぎるとコスト面での折り合いがつかなくなりかねないので、どこかで着地点を見つけるしかありません。飼い主さんが安全面、経済面で納得できる食材で、愛犬が元気ならば、どんなものでもよいと思います。
また、生で与えるか、加熱するかという問題がありますが、これも、飼い主さんが適切に判断されればいいと思います。生肉の衛生面が非常に気になりながら生肉食を続けること、食品に含まれる酵素が大事だという考えがありながら加熱した肉を食べさせ続けることは、どちらも精神的にも辛いと思います。夏は加熱して、冬は生でと、柔軟な姿勢で対応していいと思います。

愛犬のためには、
なんでも相談できる
かかりつけの獣医師さんが必要です

食事で体質改善をする場合、順調に体調がよくなる場合もあれば、見た目の症状だけを見ると体調が悪くなっているように思うケースもあります。この症状は体のバランスを元に戻そうとして生じるものですから、症状を必ずしも悪いものと考える必要はありません。しかし、飼い主さんが不安なままでいるのは愛犬にとって好ましい状態ではありません。不安は知らないことから生じることがあります。ですから、「今、愛犬の体調がどういう状態なのか」を客観的に知る必要があります。そのためにも、いつでも相談できるかかりつけの獣医師さんはどうしても必要です。

ただし、現状では「手作り食を反対されました」という飼い主さんは少なくありません。残念ながら、世の中は手作り食に理解のある獣医師ばかりではありません。でも、その発言の裏には「獣医師として責任をとる立場だから、不確定要素の多い手作り食を導入することで万一、この子になにかあったら申し訳ない。だから、私がコントロールできる管理法の範囲でとどめてほしい」という気持ちがあることを忘れないでください。その獣医師さんはしっかりあなたの愛犬を元気にしたいからこそ、反対されたのかもしれないのです。もちろん、最終的な判断は飼い主さんがなさることですが。

最近は、食事のアドバイスは専門家に相談し、検査はかかりつけの動物病院でという飼い主さんが多いようです。このように獣医師とうまくつき合いながら、あなたの望む結果を手にしていただきたいと思います。

須﨑恭彦

愛犬の体調
チェックシート

愛犬の体調不良を知るためのチェックシートです。愛犬の様子に当てはまる項目をチェックしてください。愛犬が不調であっても「この状態が普通だと思っていました」とおっしゃる飼い主さんは少なくないのです。当てはまる項目があったら、念のため動物病院に連れて行って獣医師の診察を受けてください。そして、動物病院の治療をサポートするのに本書の「手作り食」を役立ててください。

〔全体〕

- □ 元気がない
- □ 食欲が落ちた
- □ 異常なほど食欲旺盛
- □ 体温が高い（40度以上は危険）
- □ 体温が低い（37度未満は危険）
- □ 1分間の呼吸数が異常（通常10～30回／分）
- □ 息苦しそうだ
- □ 脈拍が異常（通常60～180回／分）
- □ 目の輝きがない
- □ 毛づやが落ちてきた
- □ 体臭がきつい
- □ 歩くリズムが左右均等でない（片足をひきずって歩いていないか？）
- □ 最近、急に太ってきた
- □ 最近、急にやせてきた
- □ 散歩に行きたがらなくなった
- □ 散歩の途中で疲れて座り込むようになった

〔異常な分泌物〕
色がついていてにおいがあるならば要注意！

- □ 目ヤニを1日2回以上とる
- □ 涙が止まらない
- □ 5分おきくらいに1日中くしゃみをしている
- □ 鼻水が出て止まらない
- □ 黒くてベットリした耳アカが出ている
- □ 臭いヨダレが出てくる
- □ 口臭がきつい
- □ カサカサしたフケが出ている
- □ ベタつくフケが出ている
- □ 膿（うみ）が出ている
- □ 原因不明の血液が出ている
- □ 原因不明の透明な液（しょう液）が出ている
- □ （雌）おりものが出ている
- □ （雌）乳汁が出ている

〔不快な症状〕

□ 顔を脚でひっかく
□ 頭を床などにこすりつける
□ 頭をやたらと振る
□ 耳の根元を激しく掻く
□ 耳を激しく掻く
□ 耳がはれている
□ 咳がひどい
□ 痛がる場所がある
□ 嫌がる場所がある
□ 手を叩く音などに反応がない
□ 吐く
□ 下痢をする
□ よく指の間をなめて、赤くはれている
□ 目のまわりの毛が変色している
□ 口のまわりの毛が変色している
□ 足先の毛が変色している
□ 肛門まわりの毛が変色している
□ 口から泡が出ている
□ 脚に力が入らない
□ 目の黒い部分が白くにごってきた
□ 白目の部分が汚い
□ 水を大量に飲むようになった
□ よくお尻をなめたり、地面にこすりつける

〔皮膚の色〕

□ 赤くなっているところがある
□ 色素沈着した部分がある
□ 脱毛箇所がある

〔可視粘膜の色〕

□ 唇、歯肉、舌の色がきれいなピンク色でない
（※犬種によっては、粘膜に色素沈着していることもあるので、気をつけてください）
□ 蒼白なところがある
□ 黄疸がある
□ チアノーゼ（紫色）がある

〔異常なふくらみ、かたまり〕

□ 体にふくらんでいるところがある
□ 皮膚の中にかたまりのあるところがある
□ むくんでいるところがある
□ リンパ節がわかる
（普通は触ってもわからない）

〔排泄物〕

□ 下痢をしている
□ 便秘だ
□ 血便が出ている
□ うんちに血が混じっている
□ うんちの色が変わった
□ うんちのかたさが変わった
□ うんちの量が変わった
□ うんちの回数が変わった
□ うんちに白い異物が混じっている
□ おしっこがやたらと黄色い
□ 血尿が出ている
□ おしっこにキラキラしたものが混じって見える
□ おしっこが出ない
□ おしっこの色が変わった
□ おしっこの量が変わった
□ おしっこの回数が変わった

愛犬の肥満度チェックのしかた

3つのポイントをチェックして、
愛犬の太りすぎ、
やせすぎを判断してください。

〔背中〕
背中のラインを触って、背骨の突起がポコポコとわかるかどうかを調べます。
・目で見てわかるようならばやせすぎ
・触ってわかるならば適正
・触ってもわからないなら太りすぎ

〔わき腹〕
わき腹を触って、ピアノの鍵盤をなでたときのように肋骨の存在がわかるかどうかを調べます。
・目で見てわかるようならばやせすぎ
・触ってわかるならば適正
・触ってもわからないなら太りすぎ

〔ウエスト〕
上からウエストを見て、くびれがあるかどうかを調べます。
・くびれがわかるなら適正
・くびれがわからないなら太りすぎ

太る原因、やせる原因

太る原因は食事内容と運動不足です。食事による肥満は、大別して肉で太る子、穀類で太る子のタイプに分けられます。ワンちゃんがどちらのタイプなのか把握して、様子を見ながら手作り食を行ないましょう。

① 肉で太るタイプの調べ方
肉を従来の3割ほど減らし、その分穀類を増やした手作り食を1週間続けます。これで体重が減ってきたらお肉で太るタイプです。
② 穀類で太るタイプの調べ方
穀類を従来の3割ほど減らし、その分肉を増やした手作り食を1週間続けます。これで体重が減ってきたら穀類で太るタイプです。

須崎恭彦　（すさき　やすひこ）

獣医師、獣医学博士。1969年生まれ。東京農工大学農学部獣医学科を卒業後、岐阜大学大学院連合獣医学研究科（東京農工大学配属）修了。現、須崎動物病院院長、ペット食育協会会長、九州保健福祉大学薬学部動物生命薬科学科客員教授、ペットアカデミー主宰。
「薬に頼らないで体質改善」をキャッチフレーズに、「薬を処方しない、手術をしない、ワクチンを接種しない」という方針の下、食事療法や原因療法を柱に、体質改善、自然治癒力を発揮しやすくする医療を実践。「身体はつねに本来の状態に戻ろうとしている」「症状は不快だが、本来の状態に戻るために必要かつ正常な反応」と解釈し、症状を安易に薬等で抑えるのではなく、「なぜそのような症状が起こっているのか？　根本原因がどこにあり、どうしたら排除できるのか？」と考える原因療法的視点で、それぞれの犬の状態にあったアプローチで改善を目指す動物医療を行なっている。
八王子本院の他に、札幌、仙台、大阪、福岡、大分、鹿児島でも移動式診療所を開設。
診療は完全予約制（インターネットより）。
著書に『愛犬のための手作り健康食』（洋泉社）、『愛犬のための症状・目的別栄養事典』（講談社）、『愛犬のためのがんが逃げていく食事と生活』（講談社）、『愛犬のための症状・目的別高齢犬ケア百科』（講談社）など25冊、翻訳本13冊。

診療の基本方針は、次の通り。

◎ 飼い主さんの選択肢をできる限り増やし、個々のケースに
適切かつ可能性の高い方法をいっしょに検討する手伝いをする。
◎ その際、西洋医学は肯定しつつ、西洋医学の得意ではない部分を
補う方法を飼い主さんに提案する。
◎ ペットフードは否定することなく、飼い主さんの希望があれば
フード以外の食事の提案もする。
◎ 飼い主さんが自信を持ってその選択肢を行動に移せるように、
情報提供などでバックアップする。

須崎動物病院

〒193-0833 東京都八王子市めじろ台2-1-1 A-310
電話 042-629-3424　FAX 042-629-2690
（平日10：00～13：00、15：00～17：30、土日祝日休業）
http://www.susaki.com
e-mail pet@susaki.com

改訂版

かんたん犬ごはん

プチ病気・生活習慣病を撃退！老犬元気！

2006年5月30日　初版第1刷発行
2008年4月1日　初版第9刷発行
2020年2月10日　改訂版第1刷発行

著　者　須﨑恭彦
発行者　香川明夫
発行所　女子栄養大学出版部
〒170-8481東京都豊島区駒込3-24-3
電　話　03-3918-5411（営業）
03-3918-5301（編集）
ホームページ https://eiyo21.com/
振替00160-3-84647

ブックデザイン　伊丹友広　新 由紀子
（イット イズ デザイン）
撮影　青山紀子
イラスト　谷山彩子
料理再現　駒場千佳子
（女子栄養大学調理学研究室）
編集協力　こいずみきなこ
校正　くすのき舎
印刷所　大日本印刷株式会社

ISBN978-4-7895-4834-2